新版
工損調査標準仕様書(案)の解説

編著●公共用地補償研究会

大成出版社

新版　工損調査標準仕様書(案)の解説
目　次

工損調査標準仕様書(案)の解説 …………………………………………………………………1

第1章　総則 …………………………………………………………………………………………3
　第1条　趣旨等 ……………………………………………………………………………………3
　第2条　用語の定義 ………………………………………………………………………………6
　第3条　基本的処理方針 …………………………………………………………………………9
　第4条　業務従事者 ………………………………………………………………………………9

第2章　工損調査等の基本的処理方法 …………………………………………………………10
　第5条　施行上の義務及び心得 …………………………………………………………………10
　第6条　現地踏査 …………………………………………………………………………………11
　第7条　作業計画の策定 …………………………………………………………………………11
　第8条　監督職員の指示等 ………………………………………………………………………12
　第9条　支給材料等 ………………………………………………………………………………12
　第10条　立入り及び立会い ………………………………………………………………………13
　第11条　身分証明書の携帯 ………………………………………………………………………15
　第12条　算定資料 …………………………………………………………………………………15
　第13条　監督職員への進捗状況の報告 …………………………………………………………16
　第14条　成果品の一部提出 ………………………………………………………………………17
　第15条　成果品 ……………………………………………………………………………………17
　第16条　検査 ………………………………………………………………………………………18

第3章　工損の調査 ………………………………………………………………………………19
　第1節　調査 ………………………………………………………………………………………19
　　第17条　調査 ……………………………………………………………………………………19
　　第18条　事前調査における一般的事項 ………………………………………………………20
　　第19条　事前調査における損傷調査 …………………………………………………………23
　　　第1項　部位別調査の原則 …………………………………………………………………23
　　　第2項　建物の傾斜又は沈下等 ……………………………………………………………28
　　　第3項　軸部（柱及び敷居）の傾斜 ………………………………………………………31
　　　第4項　開口部（建具等）の建付不良 ……………………………………………………33
　　　第5項　床の傾斜 ……………………………………………………………………………35

第6項　天井の亀裂、縁切れ、雨漏等 ……………………………………………36
　　　第7項　内壁のちり切れ ……………………………………………………………36
　　　第8項　内壁の亀裂 …………………………………………………………………38
　　　第9項　外壁の亀裂 …………………………………………………………………39
　　　第10項　屋根（庇、雨樋を含む）の亀裂又は破損等 ……………………………41
　　　第11項　水廻り（浴槽、台所、洗面所等）の亀裂、破損、漏水等 ……………42
　　　第12項　外構（テラス、コンクリート叩等）の損傷 ……………………………43
　　第20条　写真撮影 ………………………………………………………………………44
　　第21条　事後調査における損傷調査 …………………………………………………45
　第2節　調査書等の作成 ……………………………………………………………………46
　　第22条　事前調査書等の作成 …………………………………………………………46
　　第23条　事前調査書及び図面 …………………………………………………………46
　　第24条　事後調査書等の作成 …………………………………………………………48
　第3節　算定 …………………………………………………………………………………49
　　第25条　費用負担の要否の検討 ………………………………………………………49
　　第26条　費用負担額の算定 ……………………………………………………………50

第4章　費用負担の説明 …………………………………………………………………53
　　第27条　費用負担の説明 ………………………………………………………………53
　　第28条　概況ヒアリング ………………………………………………………………53
　　第29条　現地踏査等 ……………………………………………………………………54
　　第30条　説明資料の作成等 ……………………………………………………………54
　　第31条　権利者に対する説明 …………………………………………………………55
　　第32条　記録簿の作成 …………………………………………………………………56
　　第33条　説明後の措置 …………………………………………………………………56

資料―1　工損調査標準仕様書（案） ……………………………………………………57
　第1章　総則 …………………………………………………………………………………59
　第2章　工損調査等の基本的処理方法 ……………………………………………………60
　第3章　工損の調査 …………………………………………………………………………62
　第4章　費用負担の説明 ……………………………………………………………………67
　別記様式 ………………………………………………………………………………………69

資料―2 公共事業に係る工事の施行に起因する地盤変動により生じた建物等の損害等に係る事務処理要領 …………79

資料―3 公共事業に係る工事の施行に起因する地盤変動により生じた建物等の損害等に係る事務処理要領の運用について …………87

資料―4 従前の損傷の減額の方法について …………93

資料―5 調査書等の作成事例 …………99

サンプル事例
　事前調査例（1） …………101
　事後調査例（2） …………111
過去事例
　事前調査例（3） …………125
　事後調査例（4） …………139
水準測定調査例 …………151

工損調査標準仕様書(案)の解説

第1章 総　則

（趣旨等）
第1条　この仕様書は、○○○○（起業者名）が「公共事業に係る工事の施行に起因する地盤変動により生じた建物等の損害等に係る事務処理要領（昭和61年4月25日中央用地対策連絡協議会理事会決定（以下「事務処理要領」という。）第2条（事前の調査等）第5号建物等の配置及び現況、第4条（損害が生じた建物等の調査）の調査及び第7条（費用の負担）に係る費用負担額の算定並びに費用負担の説明に係る業務（以下「工損調査等」という。）を補償コンサルタント等へ発注する場合の業務内容その他必要とする事項を定めるものとし、もって業務の適正な執行を確保するものとする。

2　業務の発注に当たり、当該業務の実施上この仕様書記載の内容により難いとき又は特に指示しておく必要があるときは、この仕様書とは別に、特記仕様書を定めることができるものとし、適用に当たっては特記仕様書を優先するものとする。

> 公共事業に係る工事の施行に起因する地盤変動により生じた建物等の損害等に係る事務処理要領は、各起業者が定めている規程の名称を使用する。

解　説

1　この工損調査等標準仕様書（案）は、「公共事業に係る工事の施行に起因する地盤変動により生じた建物等の損害等に係る事務処理要領」（以下「事務処理要領」という。）の中央用地対策連絡協議会（以下「中央用対連」という。）理事会決定（昭和61年4月25日）によって、これに定める事前調査等、損害が生じた建物等の調査及び費用負担の算定作業を適正かつ迅速に執行するために、統一的な作業内容を定めることを目的として制定され、平成12年12月26日の「用地調査等標準仕様書（案）」の改正と同時に業務従事者の資格とされていた建築士等の具体規定の削除、提出書類規定の削除等を内容とする改正が平成13年3月29日に中央用対連理事会で決定されたものである。

2　本条第1項は、工損調査等の業務を補償コンサルタント等へ発注する場合に、業務内容（仕様）や手順等を標準化することにより請負者又は受託者の業務の一層の適正化に資することを目的とする旨この要領の趣旨が定められている。

第2項は、この要領が一般的な仕様書として定められていることから、業務内容によっては、この仕様書により難いことや特に指示しておく事項があるときは、特記仕様書を定めることができるとし、特記仕様書を定めた場合のこの仕様書との優先関係が定められている。

3 この標準仕様書は、各起業者がこれに準じて当該起業者が自らの仕様書を制定することを予定している。したがって、この仕様書には、○○○○とある部分が数か所あるが、仕様書制定に際しては、当該起業者の名称や契約書名等が記載されることになる。

4 本仕様書により補償コンサルタント等へ発注する場合の業務内容は、次のとおりとなっている。

- ア 建物等の事前調査
  - ・建物等の敷地内の位置関係
  - ・間取り平面、立面（実測）
  - ・建物等の所在、地番、所有者の氏名、住所
  - ・建物等の既存の損傷箇所の部位別調査
  - ・写真撮影又はスケッチ
  - ・その他事前調査等に記載を要する事項の調査

- イ 建物等の事後調査
  - ・建物等の既存損傷箇所等の変化の調査
  - ・建物等の新たに生じた損傷箇所の調査
  - ・その他事後調査等に記載を要する事項の調査

- ウ 費用負担額の算定
  - ・費用負担の要否の検討
  - ・費用負担額（損傷箇所の補修、構造部の矯正、復元）の算定

- エ 費用負担の説明
  - ・費用負担額の算定内容等の権利者への説明

5 補償コンサルタント等とは、補償コンサルタントのほか一級建築士事務所等である。

6 工損調査等の事務処理の流れを本仕様書及び事務処理要領からみると、別紙のとおりとなる。

別紙　工損調査等の事務処理フロー

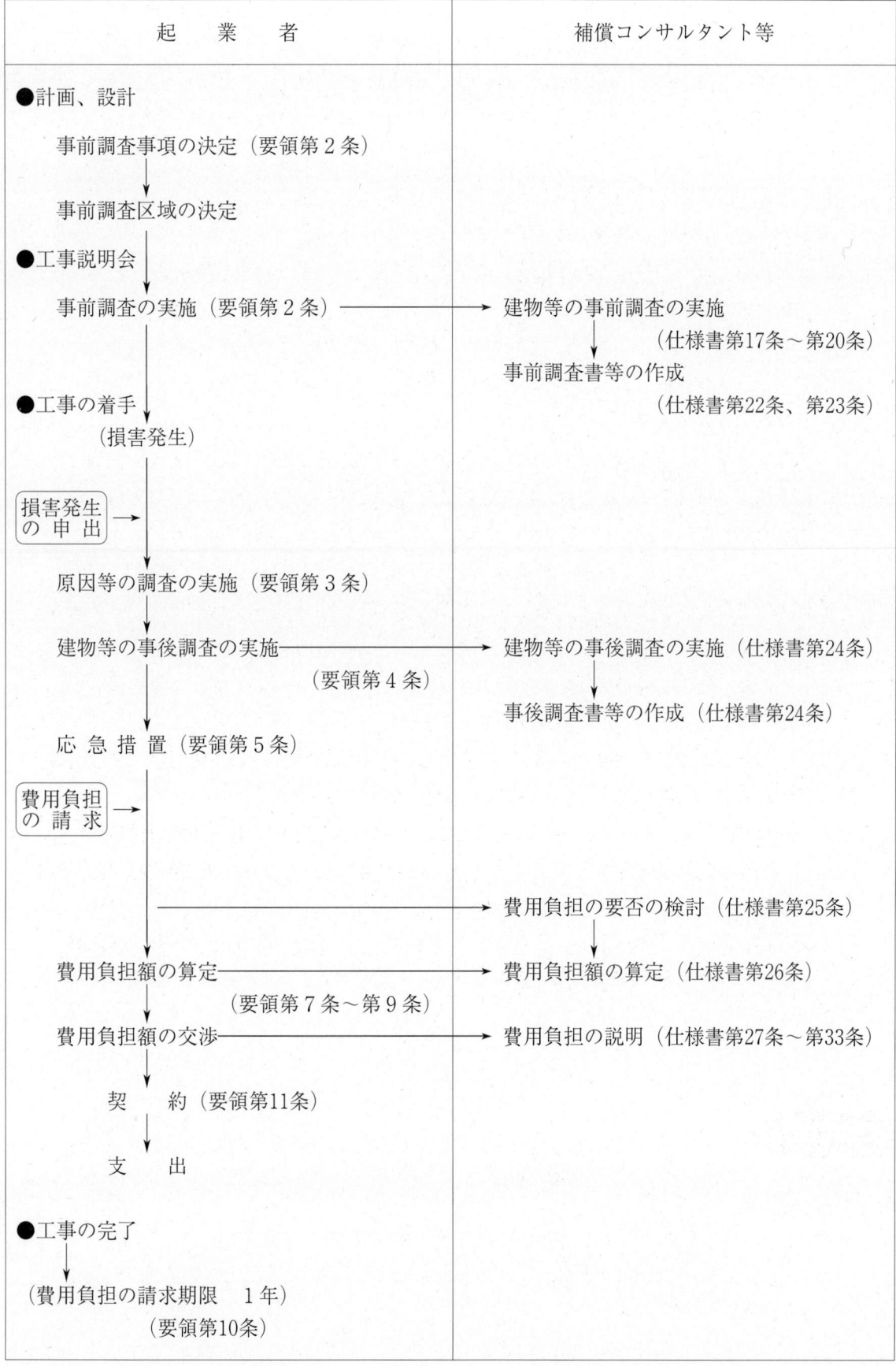

（用語の定義）
第2条 この仕様書における用語の定義は、次の各号に定めるとおりとする。
一 「調査区域」とは、工損調査等を行う区域として別途図面等で指示する範囲をいう。
二 「権利者」とは、調査区域内に存する土地、建物等の所有者及び所有権以外の権利を有する者をいう。
三 「監督職員」とは、請負者又は受託者（以下「請負者」という。）への指示、これらの者との協議又は請負者からの報告を受ける等の事務を行うもので、○○○○請負契約書（又は○○○○委託契約書）（以下「契約書」という。）第○条により、発注者が請負者に通知した者をいう。
四 「検査職員」とは、契約書第○条に定める完了検査において検査を実施する者をいう。
五 「主任担当者」とは、この工損調査等の業務に関し7年以上の実務経験を有する者、又はこの工損調査等に関する補償業務管理士（社団法人日本コンサルタント協会の補償業務管理士研修及び検定試験実施規則第14条に基づく補償業務管理士登録台帳に登録されている者をいう。）等、発注者がこれらの者と同等の知識及び能力を有するものと認めた者で、契約書第○条により、請負者が発注者に届け出た者をいう。
六 「指示」とは、発注者の発議により監督職員が請負者に対し、工損調査等の遂行に必要な方針、事項等示すこと及び検査職員が監査結果を基に請負者に対し、修補等を求めることをいい、原則として、書面により行うものとする。
七 「協議」とは、監督職員と請負者又は主任担当者とが相互の立場で工損調査等の内容又は取り扱い等について合議することをいう。
八 「報告」とは、請負者が工損調査等に係る権利者又は関係者等の情報及び業務の進捗状況等を、必要に応じて、監督職員に報告することをいう。
九 「調査」とは、建物等の現状等を把握するための現地踏査、立入調査又は管轄登記所（調査区域内の土地を管轄する法務局及び地方法務局（支局、出張所を含む。）等での調査をいう。
十 「調査書等の作成」とは、外業調査結果を基に行う各種図面の作成、費用負担額算定のための数量等の算出及び各種調査書の作成をいう。

解 説

1 本条は、この仕様書において使用している基本的な用語の意義が明らかにされている。
2 「調査区域」は、工損調査等を行う区域を明確にするため、図面その他により指示することとされている。
3 「権利者」のうち「所有権以外の権利を有する者」とは、土地、建物その他の工作物又は

立木につき、地上権、地役権、賃借権、使用借権及び抵当権等を有する者をいい、仮登記上の権利又は既登記の仮差押債権者を含むものとする。

4 「監督職員」は、請負契約書又は委託契約書の規定により発注者から請負者に通知した職員で、工損調査等の業務につき、請負者又は受託者（以下「請負者」という。）又は主任担当者と「協議」の当事者となり、これらの者に「指示」をし、これらの者から「報告」を受け、「調査」をする権限を有する者である。

5 「主任担当者」は、請負契約書又は委託契約書の規定により請負者が発注者に届け出た者で、その業務は、当該契約に係る工損調査等の業務に従事する者を指導、監督等し（第4条）、請負者と共に監督職員から業務の実施につき指示を受け（第8条第1項）、成果品に対する検査等に立ち会う（第14条第2項、第16条第1項）ほか、業務の内容又は取り扱い等につき監督職員との協議の当事者になる。

6 主任担当者の資格要件である「7年以上の実務経験を有する者」とは、当該業務につき通算して直接従事した期間が7年以上である者をいう。

（参考）補償コンサルタント登録規程（昭和59年9月21日　建設省告示第1341号）

> （登録の要件）
> 第3条　登録を受けようとする者（・・・・・）は、次の各号に該当する者でなければならない。
> 一　登録を受けようとする登録部門ごとに当該登録部門に係る補償業務の管理をつかさどる専任の者で次のいずれかに該当する者を置く者であること。ただし、総合補償部門の登録を受けようとする者にあっては、当該部門に係る補償業務の管理をつかさどる専任の者は、イに該当する者であって補償業務に関し五年以上の指導監督的実務の経験を有するもの、又はこれと同程度の実務の経験を有するものとして国土交通大臣が認定した者でなければならない。
> 　イ　当該登録部門に係る補償業務に関し七年以上の実務の経験を有する者
> 　ロ　国土交通大臣がイに掲げる者と同程度の実務の経験を有するものと認定した者
> 二　略
> 三　略

（参考）補償コンサルタント登録規程の施行及び運用について
　　　　　　　　　　（昭和59年9月25日　建設省建設経済局調整課長通知）

> 記2（登録の要件関係）
> （2）登録規程第3条第1号ただし書に定める「補償業務に関し5年以上の指導監督的実務の経験」の期間の算定は、登録部門に関わらず起業者

> である発注者から直接に受託又は請け負った補償業務について、その契約期間のうち直接従事した期間を個別に積み上げて行うものとする。したがって、契約の期間が重複する場合は直接従事した期間をもって実務の経験の期間を算定するものとする。
> この場合において、1年は12ヶ月、365日として算定する。

　また、「発注者がこれらの者と同等の知識及び能力を有する者と認めた者」には、起業者在職中に多年（20年程度以上）にわたり用地補償業務を実施してきた者が、これに該当する場合が多いものと推察される。

7　主任担当者の資格要件である「補償業務管理士」は、社団法人日本補償コンサルタント協会が補償業務に従事する者の一層の資質の向上をはかり、士気を高め、優秀な人材を確保することを目的として、平成3年度に設立した所定の補償業務経験年数を有する者を対象に、研修、検定試験、登録で構成する資格制度により生まれた者をいう。なお、補償業務管理士の資格には次の8部門がある。（総合補償部門は、平成20年に追加。）

部　門	業　務　内　容
土地調査部門	土地の権利者の氏名及び住所、土地の所在、番地、地目及び面積並びに権利の種類及び内容に関する調査並びに土地境界確認等の業務
土地評価部門	(1) 土地評価のための同一状況地域の区分及び土地に関する補償金算定業務又は空間若しくは地下使用に関する補償金算定業務 (2) 残地等に関する損失の補償に関する調査及び補償金算定業務
物件部門	(1) 木造建物、一般工作物、立木又は通常生ずる損失に関する調査及び補償金算定業務 (2) 木造若しくは非木造建築物で複雑な構造を有する特殊建築物又はこれらに類する物件に関する調査及び補償金算定業務
機械工作部門	機械工作物に関する調査及び補償金算定業務
営業補償・特殊補償部門	(1) 営業補償に関する調査及び補償金算定業務 (2) 漁業権等の権利の消滅又は制限に関する調査及び補償金算定業務
事業損失部門	事業損失に関する調査及び費用負担の算定業務
補償関連部門	(1) 意向調査、生活再建調査その他これらに類する調査業務 (2) 補償説明及び地方公共団体等との補償に関する連絡調整業務 (3) 事業認定申請図書の作成業務
総合補償部門	(1) 公共用地取得計画図書の作成業務 (2) 公共用地取得に関する工程管理業務 (3) 補償に関する相談業務 (4) 関係住民等に対する補償方針に関する説明業務 (5) 公共用地交渉業務（注） 　（注）公共用地交渉業務とは、関係権利者の特定、補償額算定書の照合及び交渉方針の策定等を行った上で、権利者と面接し、補償内容の説明等を行い、公共事業に必要な土地の取得等に対する協力を求める業務をいう。

8 「指示」とは、監督職員又は検査職員がその権限において業務の執行方針を定め、又は成果品に対し必要な修補をすること等の指図をすることをいうが、この指示は、指示の内容を正確に請負者に伝達する必要があること及び指示した者の責任を明確にすることから、原則として、書面によることとされた。この書面には、指示事項のほか監督職員等の氏名、請負者名、指示年月日等の記載を要するものと思われるので、発注者は一定の様式を定めるのが望ましいと考える。

（基本的処理方針）
第3条 請負者は、工損調査等を実施する場合において、この仕様書及び事務処理要領等に適合したものとなるよう、公正かつ的確に業務を処理しなければならないものとする。

解説

本条は、請負者が工損調査等を実施するうえでの基本的な業務執行のあり方を訓示した規定であり、請負者はもとより業務に従事する職員に対しても、この規定の趣旨を十分に理解させる必要がある。

（業務従事者）
第4条 請負者は、主任担当者の管理の下に、工損調査等に従事する者（補助者を除く。）として、その業務に十分な知識と能力を有する者を当てなければならない。

解説

1 本条は、業務実施にあたっての補助者を除く従事者の選任基準について定められている。
2 「主任担当者の管理の下に」とは、主任担当者による指導や監督等を受けての意である。
3 補助者を除く「工損調査等に従事する者」には、当該業務を遂行するにあたり「十分な知識と能力を有する者」であれば特に資格を問うこととはされていない。請負者の業務遂行上の実質的な責任者となる主任担当者が一定の資格要件を有している（第2条第5号参照）ので、この者の管理下であれば業務は円滑かつ的確に行われることになると考えられるからである。

第2章　工損調査等の基本的処理方法

> （施行上の義務及び心得）
> **第5条**　請負者は、工損調査等の実施に当たって、次の各号に定める事項を遵守しなければならない。
> 一　自ら行わなければならない関係官公署への届出等の手続きは、迅速に処理しなければならない。
> 二　工損調査等で知り得た権利者側の事情及び成果品の内容は、他に漏らしてはならない。
> 三　工損調査等は権利者の財産に関するものであり、損害等の有無の立証及び費用負担額算定の基礎となることを理解し、正確かつ良心的に行わなければならない。また、実施に当たっては、権利者に不信の念を抱かせる言動を慎まなければならない。
> 四　権利者から要望等があった場合には、十分その意向を把握した上で、速やかに、監督職員に報告し、指示を受けなければならない。

解　説

1　本条は、請負者が工損調査等の業務を実施するに当たって、遵守しなければならない義務及び心得について規定されたもので、請負者は、それぞれの事項を遵守し、主任担当者をはじめ業務に従事する者に周知徹底をはかる必要がある。
2　第1号は、業務遂行に当たり必要となる官公署への手続きを早急に実施し、業務の遅滞が生じることのないよう努めるべきとされている。
3　第2号は、守秘義務を定められたもので、権利者側の事情及び成果品の内容を発注者以外の者に漏らしてはならないとしている。
4　第3号は、工損調査等に従事する者が、当然有していなければならない資質の根幹をなす心得というべきものである。
5　業務の遂行上、業務従事者は建物所有者等の権利者と接触する機会が多く、その際に権利者から各種の要望や問い合わせ等が出されることがあるが、これらの対応は基本的には発注者が行うべきことであるので、第4号では、十分に権利者の意向を把握した上で、速やかに監督職員に報告することとされている。

> （現地踏査）
> **第6条** 請負者は、工損調査等の着手に先立ち、調査区域の現地踏査を行い、地域の状況、土地及び建物等の概況を把握するものとする。

解説

1 本条は、業務を始めるに当たっては、事前に発注者から示された図面等で指示された区域に実際に出向いて、当該区域の全般的な状況や当該区域に存する土地、建物等の概況を把握すべきことと定められている。

2 請負者は、業務を始めるに当たっては、作業計画を策定し、執行体制の整備をはかる必要があり（第7条）、このためには、調査対象となる現地の状況を確認した上で、工損調査等の対象物件を全般的に把握することが必要になる。

> （作業計画の策定）
> **第7条** 請負者は、工損調査等を着手するに当たっては、この仕様書及び特記仕様書並びに現地踏査の結果等を基に作業計画を策定するものとする。
> 2 請負者は、前項の作業計画が確実に実施できる執行体制を整備するものとする。

解説

1 本条は、請負者が業務の実施に際して、仕様書に示された工損調査等の内容を正確に把握し、現地踏査の結果等を踏まえて、契約上の履行期限内に業務をすべて完了するための作業計画を立てるとともに、この作業計画を確実に実行し得る業務従事者の選任、役割分担等の執行体制を整備すべきものと定められている。

2 作業計画の策定に当たっては、業務の量を的確に把握するとともに、現地調査、資料収集、調査書の作成、検討、算定、検証、再検討のほか、監督職員との協議、その他の手続き等に必要な期間を考慮し、履行期限内で無理のない現実に執行できるものにすべきである。

3 作業計画は、請負者にとって可能な執行体制との相関により定めることになるが、権利者等の事情や天候等による影響が伴う業務であるため、日程を短縮することが可能な外的事情に影響を受けない業務等については、短期間で処理することを念頭においた執行体制とすることが望ましい。

（監督職員の指示等）
第8条 請負者は、工損調査等の実施に先立ち、主任担当者を立ち会わせたうえ監督職員から業務の実施について必要な指示を受けるものとする。
2　請負者は、工損調査等の実施に当たりこの仕様書、特記仕様書又は監督職員の指示について疑義があるときは、監督職員と協議するものとする。

解 説

1　本条は、業務の実施に先立ち、監督職員から業務実施上の必要な指示を受けること等について定められている。
2　請負者が監督職員から業務実施上の指示を受けるときは、主任担当者を立ち会わせることとし、その指示に疑義があるときは協議のうえ指示内容を明確にし、又は必要に応じて変更してもらうことになる。
3　監督職員が必要な指示をするときは、原則として、書面により行うものとされている（第2条第6号）。

（支給材料等）
第9条 請負者は、工損調査等を実施するに当たり必要な図面その他の資料を支給材料として使用する場合には、発注者から貸与又は交付を受けるものとする。
2　建物登記簿等の閲覧又は謄本等の交付を受ける必要があるときは、別途監督職員と協議するものとする。
3　支給材料の品名及び数量は特記仕様書によるものとし、支給材料の引き渡しは、支給材料引渡通知書（様式第1号）により行うものとする。
4　請負者は、前項の支給材料を受領したときは、支給材料受領書（様式第2号）を監督職員に提出するものとする。
5　請負者は、工損調査等が完了したときは、完了の日から〇日以内に支給材料を返納するとともに支給材料精算書（様式第3号）及び支給材料返納書（様式第4号）を監督職員に提出するものとする。

解説

1 　本条は、請負者が工損調査等を実施する際に、発注者が保有する図面その他の資料を支給材料として貸与又は交付を受ける場合の手続等について定められている。
2 　工損調査等を実施するに当たり必要な図面その他の資料とは、一般的には発注者が当該事業のために作成した工事計画平面図、実測平面図等の図面その他の調査資料、工損補償単価に関する基準資料、参考図書等と調査書の作成のための用紙類が多いのものと思われる。
3 　必要となる支給材料の品目及び数量は特記仕様書の定めによることとなるが、必要となる品目、数量、貸与又は交付の別及び支給時期については、あらかじめ監督職員と協議して定めるのが実務的と考える。
4 　建物登記簿等の謄本等の交付を受ける場合の多くは、発注者（起業者）が「公用」により交付を受け、これらが請負者に貸与されることとなるものと考える。
5 　支給材料の引き渡し又は返納にあたっては、文書の交付が義務付けられている。

（立入り及び立会い）

第10条　請負者は、工損調査等のために権利者が占有する土地、建物に立ち入ろうとするときは、あらかじめ、当該土地、建物等の権利者の同意を得なければならない。

2 　請負者は、前項に規定する同意が得られたものにあっては立入りの日及び時間をあらかじめ、監督職員に報告するものとし、同意が得られないものにあってはその理由を付して、速やかに、監督職員に報告し、指示を受けるものとする。

3 　請負者は、工損調査等を行うため建物等の立入り調査を行う場合には、権利者の立会いを得なければならない。ただし、立会いを得ることができないときは、あらかじめ、権利者の了解を得ることをもって足りるものとする。

解説

1 　本条は、請負者が工損調査等のために権利者の土地や建物等に立ち入る場合のこれら権利者の同意及び建物等の立入り調査に際しての権利者の立会い等の取扱いについて定められている。
2 　請負者が工損調査等のために他人の土地や建物等に立ち入る場合には、発注者が事前に立ち入ろうとする区域の権利者（又は地区の代表者等）に立ち入ろうとする請負者とその時期及び実施日時は請負者が調整すること等を説明し、立ち入りの了解を得ておくことが一般的である。

工損調査等の立ち入り及び立会いは、調査の目的が用地調査等と異なったものであり、調査の対象となる権利（使用）者に、以下の事項の説明を行い了解を得た上で、現地への立ち入りを実施する必要がある。

　ア　調査を実施する目的

　　公共事業に係る工事をスムーズに施行するためには、地元住民の理解と協力を得ることが不可欠であり、そのためには工事の着手に先だって地元住民に対し、当該工事の規模、工事内容、作業工程、工事を行う時間帯、工事用車輛の交通経路等について十分に説明し理解を得る必要がある。そのなかで、工事の施行によって不可避的に発生する地盤変動等によって周辺の建物等に損害が生じた場合には、起業者において費用負担を行う（事務処理要領第1条）こととしていることから、工事前における建物の現況の調査（事前調査）と工事後における建物の状況の調査（事後調査）を実施させてもらい、迅速な事務処理を実施する旨の説明をする必要がある。

　イ　調査範囲の説明

　　当該建物が事前調査の対象区域に含まれることについて、当該工事の規模、内容及び工事地域の地盤の状況等から、工事の実施により建物等に損害の発生の可能性がないとはいえないことについて、十分に説明する必要がある。

　ウ　建物等調査の内容と方法

　　建物等の調査は、建物等の外側だけでなく屋内へ立ち入って各室ごとに壁、タイル等の損傷の有無や程度、建具の建付け状況、柱の傾斜状況等について詳細に行うものである旨を十分に説明する必要がある。

　エ　工事期間中の対応等

　　工事期間中に建物等に損害が発生したときの申出先を説明するとともに、損害等に対しては事務処理要領に定める費用負担や応急措置に要した費用負担を行うことになる旨を十分に説明する必要がある。

3　権利者の土地、建物等に立ち入ることは、権利者の生活の平穏を妨げることになるので事前に立ち入ることについての趣旨を十分に説明し同意を得なければならない。特に建物等の中に立ち入るときは、権利者のプライバシーを保護する必要があるので、立会いを得ることが望ましい。

4　立ち入りに際しては、権利者の立会いを得る必要があることから、立ち入りの日及び時間（何時から何時まで）を事前に権利者の都合に合わせて設定するものとする。立ち入り当日に建物等へ立ち入る際、権利者が不在等で立会いが得られないときは、事前に権利者の了解を得ていてもトラブルの発生を防止するため、日を改めて権利者の立会いが得られるときに立ち入ることが望ましい。

(参考) 事務処理要領

> (趣旨)
> 第1条　公共事業に係る工事の施行により不可避的に発生した地盤変動により、建物その他の工作物（以下「建物等」という。）に損害等が生じた場合の費用の負担等に関する事務処理については、この要領に定めるところによるものとする。

> (身分証明書の携帯)
> **第11条**　請負者は、発注者から工損調査等に従事する者の身分証明書の交付を受け、業務に従事する者に携帯させるものとする。
> 2　工損調査等に従事する者は、権利者等から請求があったときは、前項により交付を受けた身分証明書を提示しなければならない。
> 3　請負者は、工損調査等が完了したときは、速やかに、身分証明書を発注者に返納しなければならない。

解　説

1　本条は、工損調査等に従事する者が携帯することとなる発注者が交付する身分証明書に関する規定である。
2　身分証明書の交付は、請負者が当該工損調査等の業務に従事する者につき、発注者に対し、氏名、住所及び生年月日を記載した交付申請書を提出することにより行うことが一般的である。
3　身分証明書の交付を受けた者は、工損調査等の外業に従事するときは常に携帯し、権利者等から提示を求められたときは応じなければならない。権利者の敷地や建物内に立ち入るからには、常に身分を明らかにする必要があるためである。

> (算定資料)
> **第12条**　請負者は、損害等が生じた建物等の費用負担額等の算定に当たっては、発注者が定める費用負担単価に関する基準資料等に基づき行うものとする。ただし、当該基準資料等に記載のない費用負担単価等については、監督職員と協議のうえ市場調査により求めるものとする。

解説

1 本条は、請負者が費用負担額の算定を行うに当たっては、原則として、発注者が定めている基準資料等に記載されている単価を用いる旨定められている。
2 発注者が定める費用負担に関する単価等の基準資料等は、発注者から第9条第1項に基づき貸与を受けることとなる。
3 費用負担単価に関する基準資料は、各地区用地対策連絡（協議）会が作成した「費用負担標準単価」を加盟起業者が用いるのが一般的であると思われるが、この基準資料は算定頻度の高い一般的な単価が定められているので、特殊な資材単価等については、市販されている積算に関する資料により適宜補足して使用し、これらに掲載のないものは、専門業者等から資料提供を受ける等の実態調査を行い、費用負担額の算定を行うこととされている。

（参考）市販されている積算に関する資料（例）

```
建設物価（月刊）      （財団法人建設物価調査会発行）
建築コスト（季刊）    （　　同上　　）
積算資料（月刊）      （財団法人経済調査会発行）
積算ポケット手帳（年2回）（株式会社建築資料研究社発行）
```

（監督職員への進捗状況の報告）
第13条 請負者は、監督職員から工損調査等の進捗状況について調査又は報告を求められたときは、これに応ずるものとする。
2 請負者は、前項の進捗状況の報告に主任担当者を立ち会わせるものとする。

解説

1 本条は、請負者が工損調査等の進捗状況に関して調査又は報告を求められた時の応諾義務が定められている。
2 進捗状況についての「調査」は、業務の進捗がどの程度まで進んでいるかを請負者の事務所等において監督職員が実地に調査することをいい、作業方法や成果品となる調査書の記載内容等についての調査を含んでいる。
3 進捗状況についての「報告」は、業務の進捗状況がどの程度まで進んでいるかを、発注者の事務所等において主任担当者を立ち会わせたうえで、監督職員に報告するものである。

4　監督職員は、本条に基づき工損調査等の進捗状況に関し、随時、調査又は報告を求めることができる。

>　（成果品の一部提出）
>　**第14条**　請負者は、工損調査等の実施期間中であっても、監督職員が成果品の一部の提出を求めたときは、これに応ずるものとする。
>　2　請負者は、前項で提出した成果品について監督職員が審査を行うときは、主任担当者を立ち会わせるものとする。

解　説

1　本条は、監督職員から契約上の履行期限前であっても成果品の一部の提出要求があった場合には、これに応ずるものとする旨定められている。
2　本来、成果品は業務完了後に一括して発注者に提出するものであるが、発注者（起業者）は、工損調査等の実施期間中であっても権利者等との協議を実施することもあり、履行期限内であっても当該権利者に係る費用負担の内容や費用負担額について把握しておく必要等がある。このような場合にも対応できるよう成果品の一部提出の規定が設けられたものである。

>　（成果品）
>　**第15条**　請負者は、第3章（工損の調査）及び第4章（費用負担の説明）において作成した調査書、積算書又は説明記録簿を成果品として提出するものとする。
>　2　成果品は、次の各号により作成するものとする。
>　　一　工損調査等の区分及び内容毎に整理し、編集する。
>　　二　表紙には、契約件名、年度（又は履行期限の年月）、発注者及び請負者の名称を記載する。
>　　三　目次及び頁を付す。
>　　四　容易に取り外すことが可能な方法により編綴する。
>　3　成果品の提出部数は、正副各一部とする。
>　4　請負者は、成果品の作成に当たり使用した調査表等の原簿を契約書第〇条に定めるかし担保の期間保管し、監督職員が提出を求めたときは、これらを提出するものとする。

解説

1 本条は、請負者が提出する成果品の作成方法、提出部数及び調査表等の原簿等の保管期間等について定められている。
2 発注者は、複数の副本を求めたり、固定方式による編綴（製本）を指定する場合等本条によらない取扱いを求めるときは、特記仕様書に記載することとなる。
3 かし担保期間は、民法上仕事の目的物を引き渡したときから1年以内とされている（民法第637条第1項）。請負契約上は、かしの修補又は損害賠償の請求を成果品の提出を受けてから1年以内とするもの又は3年以内とするもの等があり、当該かしが故意又は重大な過失によるものであるときは10年間請求できると定められているものもある。
4 原簿とは、成果品として提出する図面や調査書の基礎となった現地調査の際の野取図や野帳又はこれらを整理、とりまとめた資料をいう。

（検査）
第16条 請負者は、検査職員が工損調査等の完了検査を行うときは、主任担当者を立ち会わせるものとする。
2 請負者は、検査のために必要な資料の提出その他の処置について、検査職員の指示に速やかに従うものとする。

解説

1 本条は、契約書に基づく工損調査等の完了検査の取扱いについて、検査職員の検査には主任担当者を立ち会わせ、検査職員の指示に従うべき旨定められている。
2 「その他の措置」とは、成果品の補正、提出部数の不足その他契約書、この仕様書又は特記仕様書等記載事項と相違がある場合、と補足や充足を求めることをいう。

第3章 工損の調査

第1節 調　査

> （調査）
> **第17条** 調査は、事務処理要領第2条第5号の建物等の配置及び現況の調査（以下「事前調査」という。）と同第4条の損害等が生じた建物等の調査（以下「事後調査」という。）に区分して行うものとする。

解　説

1　本条は、工損調査等の具体的内容を定めたものであり、第1章第1条で定める事務処理要領第2条第5号の建物等の配置及び現況の調査を「事前調査」とし、同第4条の損害等が生じた建物等の調査を「事後調査」と定めている。

2　事前調査は、通常、工事の着手に先立って行われる周辺住民に対する工事説明会等で了解が得られた後に実施することとされ、事後調査は、建物等の所有者から起業者に建物等に損害が生じた旨の申出があった後に行われる。事前調査、事後調査とも、建物所有者と調査日時の調整を十分とったうえで行う必要がある。

（参考）事務処理要領

> （事前の調査等）
> **第2条** 公共事業に係る施設の規模、構造及び工法並びに工事箇所の地盤の状況等から判断して、工事の施行による地盤変動により建物等に損害等が生ずるおそれがあると認められるときは、当該損害等に対する措置を迅速かつ的確に行うため、工事の着手に先立ち、又は工事の施行中に起業地及びその周辺地域において、次の各号に掲げる事項のうち必要と認められるものについて調査を行うものとする。
> 一　地形及び地質の状況
> 二　地下水の状況
> 三　過去の地盤変動の発生の状況及びその原因

四　地盤変動の原因となるおそれのある他の工事等の有無及びその内容
五　建物等の配置及び現況
六　その他必要な事項
（損害等が生じた建物等の調査）
第4条　前条の調査の結果等から建物等の損害等が公共事業に係る工事の施行に起因する地盤変動により生じたものであると認められるときは、当該損害等が生じた建物等の状況について、速やかに調査を行うものとする。この場合において、地盤変動が継続しているときは、その状況を勘案して継続して調査を行うものとする。

（事前調査における一般的事項）
第18条　事前調査の実施に当たっては、調査区域内に存する建物等につき、建物の所有者ごとに次の各号の調査を行うものとする。
一　建物の敷地ごとに建物等（主なる工作物）の敷地内の位置関係
二　建物ごとに実測による間取り平面及び立面
　　この場合の計測の単位は、用地調査等標準仕様書第2章第2節「数量等の処理」の各規定を準用する。
三　建物等の所在及び地番並びに所有者の氏名及び住所
　　現地調査において所有者の氏名及び住所が確認できないときは、必要に応じて登記簿謄本等の閲覧等の方法により調査を行う。
四　その他調査書の作成に必要な事項

解説

1　建物等の事前調査を実施する区域の範囲は、公共事業を施行する起業者で決定すべきものである。範囲の決定にあたっては、事務処理要領第2条の事前の調査等で定める地形及び地質の状況（第1号）、地下水の状況（第2号）、過去の地盤変動の発生の状況及びその原因（第3号）及び地盤変動の原因となるおそれのある他の工事等の有無及びその内容等（第4号）の当該地域の状況把握をしたうえで、施行する工事の種類、規模、工法及び周辺建物等の近接状況等総合的な検討を行うこととなろう。したがって、この決定は、土木等の専門家であり、かつ、当該工事の施行及び監督を所管する部局（課）が行うこととなる。

2　この場合の調査区域（範囲）の決定にあたっては、単に技術的判断だけでなく、街区割の状況、周辺住民との関係についても配慮されるべきものと考える。仮に、調査範囲を官民境界（道路又は河川等の公有地と私有地の境界すなわち工事区域）から40メートルの範囲内に

存する建物とした場合に図(1)及び図(2)のように同一街区又は同一町内会内の建物の一部が調査区域外から除外されることとなり、地元住民に対する対応からして望ましいことではなく、場合によっては、同一街区又は同一町内会を調査の範囲に含めることが妥当なことがある。

図（1）

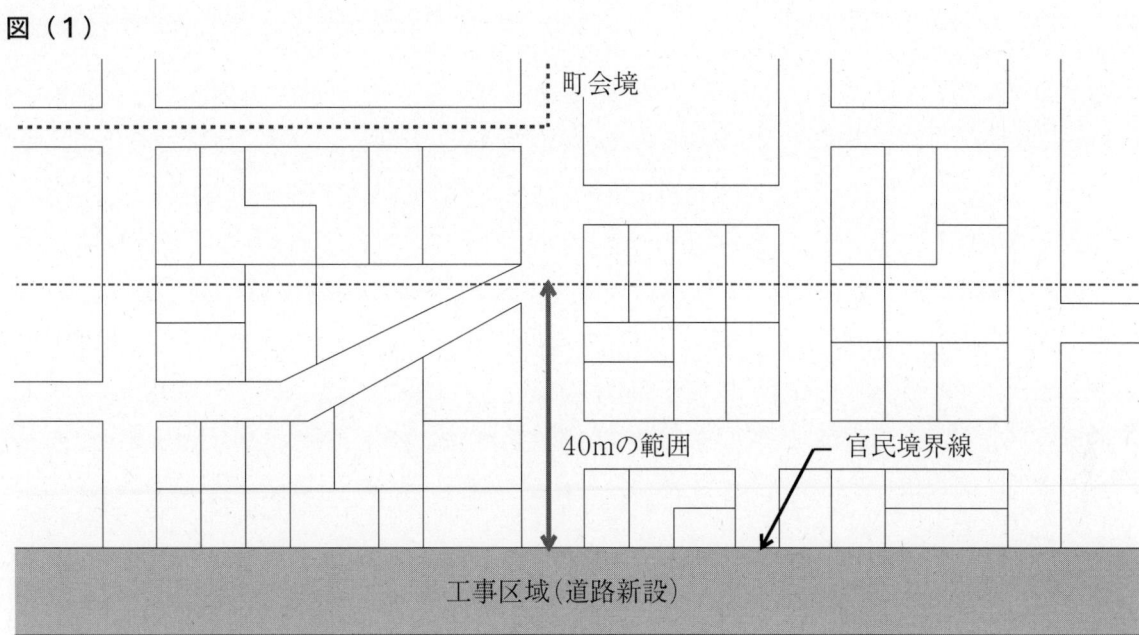

図（2）

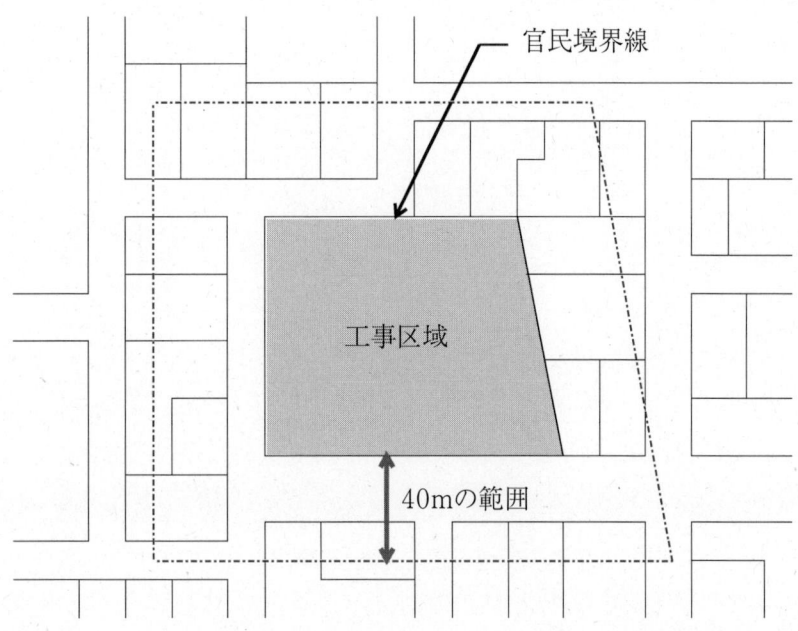

3　第1号の建物の所有者ごとに作成する建物配置図は、用地調査等で作成する建物等の配置図と同様に敷地の大きさ、敷地内の建物及び主要な工作物（物置、畜舎、池、囲障等）の位置の調査を行うものである。

4　第2号の建物ごとの平面図及び立面図の調査は、用地調査等標準仕様書（平成12年12月26日中央用地対策連絡協議会理事会決定）第42条（木造建物）、第43条（木造特殊建物）及び第44条（非木造建物）の調査に準ずるものとし、その他主要な附帯工作物についても同様の扱いとする。なお、一棟の建物であって所有が区分されているものにあっては、全体の平面位置図を作成し、当該所有区分を示すとともに区分所有に係る平面図を作成することとなる。また、建物等の計測単位は、用地調査等標準仕様書を準用することとなるが、建物の各部位の損傷箇所の計測単位は、第19条各項に定めるところによるものとする。

5　第3号の建物等の所在地並びに所有者の氏名及び住所の調査は、用地調査等の場合と異なり権利者調査を行っていないことが多いので、慎重に行う必要がある。一般的には、現地調査において建築確認申請書、工事請負契約書等を調査して確定することになるが、これが困難な場合には、登記簿謄本の閲覧等によって確定を行うことを定めたものである。この場合において、固定資産台帳の閲覧は権利者に限定されているので、調査対象とはならない。なお、登記簿調査が必要と判断される場合には、監督職員と協議し、その指示によって行うことが必要である。

（参考）用地調査等標準仕様書

> （木造建物）
> 第42条　木造建物〔Ⅰ〕の調査は、別記1木造建物〔Ⅰ〕調査積算要領（以下「木造建物要領」という。）により行うものとする。
> 2　木造建物〔Ⅱ〕及び木造建物〔Ⅲ〕の調査は、木造建物要領を準用して行うほか、当該建物の推定再建築費の積算が可能となるよう行うものとする。
> 3　前2項の実施に当たっては、基準細則第15付録別表第11の補正項目に係る建物の各部位の補修等の有無を調査するものとする。
> （木造特殊建物）
> 第43条　木造特殊建物の調査は、前条第2項及び第3項を準用するものとする。
> （非木造建物）
> 第44条　非木造建物〔Ⅰ〕の調査は、別記2非木造建物〔Ⅰ〕調査積算要領（以下「非木造建物要領」という。）により行うものとする。
> 2　非木造建物〔Ⅱ〕の調査は、非木造建物要領を準用して行うほか、当該建物の推定再建築費の積算が可能となるよう行うものとする。

> （事前調査における損傷調査）
> **第19条** 請負者は、前条の一般的事項の調査が完了したときは、当該建物等の既存の損傷箇所の調査を行うものとし、当該調査は、原則として、次の部位別に行うものとする。
> 一 基礎
> 二 軸部
> 三 開口部
> 四 床
> 五 天井
> 六 内壁
> 七 外壁
> 八 屋根
> 九 水回り
> 十 外構

解説

1 事前調査（既存建物の損傷箇所の調査）は、公共事業における工事によって不可避的に発生する損傷を、工事完了後において、その損傷を従前の状態に修復又は復元する費用を負担するために、各々の損傷が公共事業による工事に起因するものか否か（因果関係）を判断するために必要なものである。それとともに損傷が公共事業による工事によるものと認められた場合に、費用負担の積算基準（修復の方法等）に係る重要な資料となるものである。したがって、調査対象となる区域内の建物の状態及び既に発生している損傷の程度、状況等と当該工事の種類、規模、工法等から損傷の発生が予想される箇所について、現状を把握することとなる。

2 具体の調査は、損傷箇所の計測及び写真撮影を主に行うこととなるが、調査にあたっては、次の点に留意する必要がある。
　ア 調査番号は、調査区域内の建物等の所有者を単位とする画地ごとに付す。
　イ 建物番号は、同一画地（所有者を同じくする。）に複数の建物が存するときに付す。
　ウ 損傷名及び損傷の程度（計測値）は、亀裂、剥離（はくり）等の損傷名、その損傷の幅、長さ等の計測値を記入する。
　エ 撮影年月日、撮影番号及び撮影対象箇所については、年月日は調査の当日を番号については建物等の所有者又は建物ごとに順じ付すものとし、対象箇所は、居間、玄関、台所、浴室等の室名を記入する。
　オ 上記アからエについて、記入した黒板と同時に写真撮影することとなるが、その大きさ

等は、図示程度のものが妥当である。

50cm 程度

調査件名	
所 有 者	
調査番号	
写真番号		建 物 番 号	
室　　名	
損 傷 名 及び 損傷の程度 （計測値）	
調　査 年 月 日	

60cm 程度

3 本条で定める各部位は、第2項以降で各々の損傷調査の方法等を規定するために定められたものである。これらは、おおむね建物の工種別に準ずるものとなっているが、これ以外の工種（例えば、機械設備等）については、用地調査等の経験を踏まえ、かつ、他の工種の調査方法等を判断して行うことが必要である。

【参考１】地盤変動について

ア　工事に起因する地盤変動の要因

　公共事業を含む一般の土木又は建築工事によって、地域の地盤に変動が生ずるものの原因として、次のものがあるとされている。

① 　地盤の上に構造物等を設置（建築）することによって、荷重を加えるもの（載荷）

② 　地盤を掘削することによって、地盤そのものを変形させるもの（掘削）

この区分によって主たる事業種別ごとに分類してみるとおおむね次表のとおりとなる。

区　　　　分		工　　　　　事
載　荷	盛　　　土	道路、鉄道、水路、河川堤防、海岸堤防、干拓堤防、埋立地、宅地造成、空港、ダム
	構　造　物	擁壁、カルバート、防波堤、岸壁、橋台、橋脚、オイルタンク、建物その他各種施設
掘　削	開削・シールド	道路、鉄道、水路、地下鉄、共同溝、上下水道、各種パイプライン 建物その他各種施設

イ　盛土による沈下と隆起

　盛土が立ち上がるにつれて、盛土を行っているところ（土地）は、載荷されることにより沈下が起こる。一方その側方については側方流動が起き、盛土側方の地盤が隆起することとなる。沈下量、隆起量及び発生する範囲については、盛土が高くなるにつれて著しく増大し、盛土荷重が地盤の極限支持力に達したとき盛土がすべり面に沿って破壊されていく。これらの現象は道路の高盛土又は河川の築堤などの場合に発生する状況があるが、一般的には事前に対策が行われていることから発生の事例は少ない。

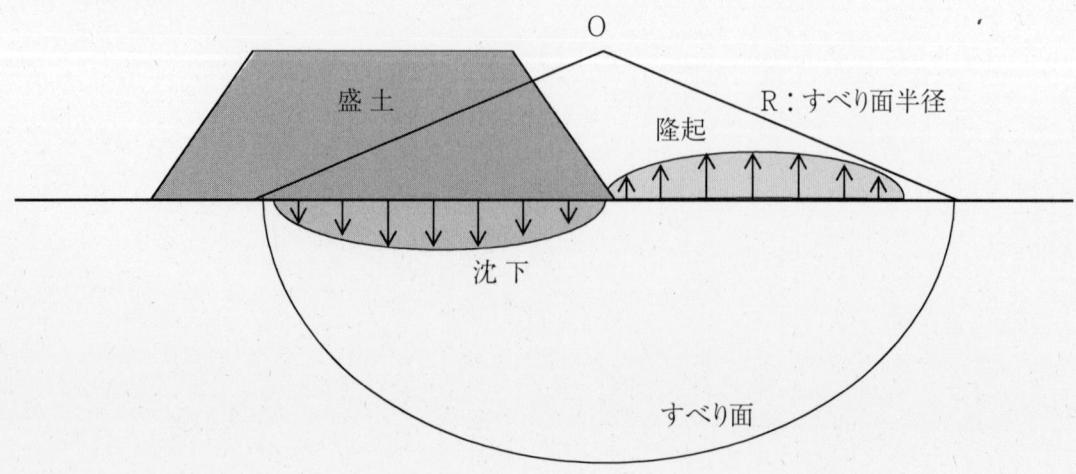

ウ 構造物による沈下

　圧密現象は下図のように容器内が水で満たされている状態のものに、上部から荷重を加えたことによって生ずる現象で、荷重を加えない通常の場合には、水は容器の外に流出することはない。これが荷重を加えることによって、水は容器の外に流れることとなり、沈下が発生することとなる。

　一般的に圧密変形は、砂地盤では比較的少ないといわれているが、発生するときは、短時間に状況があらわれるといわれている。

　これに対して、粘土、シルト地盤の場合には圧密変形が大きいが、ある程度の時間を要して発生するといわれている。

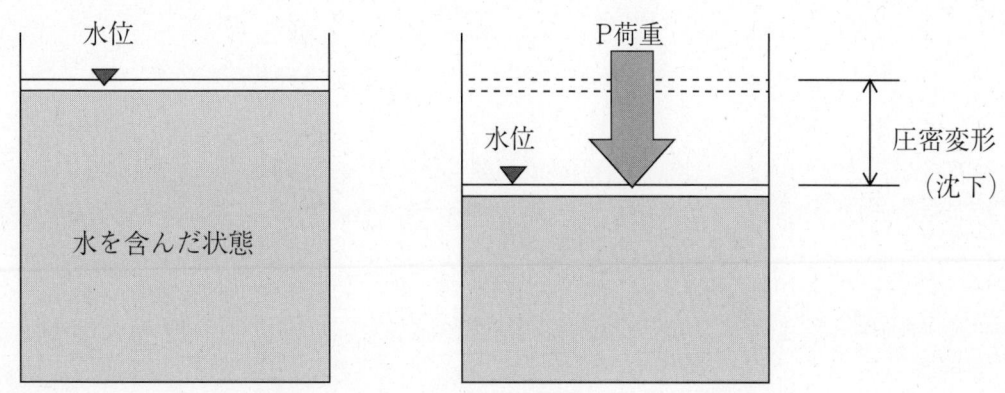

エ 地下水の低下による沈下

　地下水の低下による地盤の圧密現象は、掘削等に伴って、地下水を汲み上げることによって、地下水位が低下し地盤変形が発生するものである。

　この場合の沈下量等は、土層の構成、掘削規模、掘削前の地下水位、施工時期及び方法によって異なることとなるが、一般的には、砂質土の場合には比較的少なく、粘土、シルト地盤のときはやや大きいといわれている。

オ その他の要因

　その他地盤の変形を生ずる要因としては、土留めの変位（腹起等の支保工が十分でないとき。）によって発生するものがある。

> **第19条**
> 2　建物の全体又は一部に傾斜又は沈下が発生しているときは、次の調査を行うものとする。
>   一　傾斜又は沈下の状況を把握するため、原則として、当該建物の四方向を水準測量又は傾斜計等で計測する。この場合において、事後調査の基準点とするため、沈下等のおそれのない堅固な物件を定め併せて計測を行う。
>   二　コンクリート布基礎等に亀裂等が生じているときは、建物の外周について、発生箇所及び状況（最大幅、長さ）を計測する。
>   三　基礎のモルタル塗り部分に剥離又は浮き上りが生じているときは、発生箇所及び状況（大きさ）を計測する。
>   四　計測の単位は、幅についてはミリメートル、長さについてはセンチメートルとする。

解説

1　第2項の建物の傾斜又は沈下の調査のための水準測量は、当該工事の内容及び地域の地盤状況を考慮して、工事の施行によって地盤変動が予想されると判断したとき及び調査対象となる建物に現に傾斜又は沈下が発生している場合に行うこととする。したがって、水準測量を行わない建物については傾斜計等によって状況の把握を行い、その結果を平面図に記入することとなる。

　なお、調査地域について水準測量を施行するか否かの判断は、事務処理要領第2条第1号から第4号の調査結果等を参考として総合判断を行うこととなるので、監督職員と協議し指示を受ける必要がある。

2　コンクリートの布基礎等に亀裂、破断又はモルタル塗り部分に剥離が発生しているものについては、その状況を図面化するとともに亀裂又は破断については、写真撮影を行うこととなる。この場合に亀裂又は破断が沈下等によって発生した構造的なものか否かについても併せて調査する必要がある。

基礎の亀裂　　　　　　**基礎の剥落**

第3章 工損の調査　29

水準測量

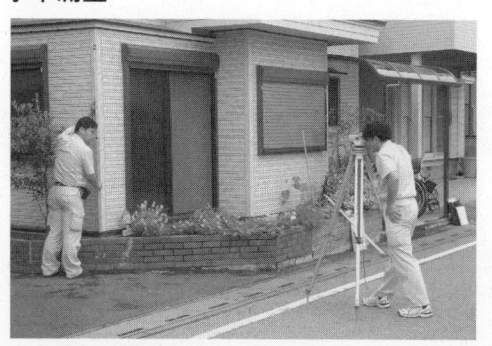

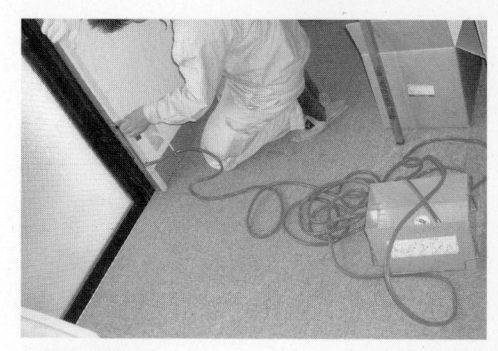

水盛り測量 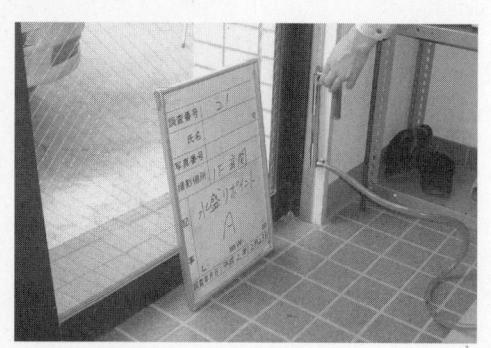　　　　　　　　　水盛り測量

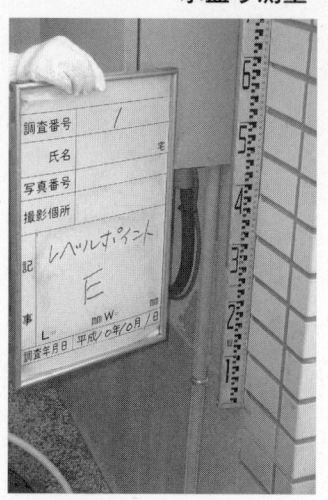

水準測量

実務経験者からの一言！

事前調査時に水準測量や水盛測定を行う場合は、計測位置を必ず写真撮影し、事後調査時に正確な位置を計測することが必要です。

【参考２】基礎地業について

ア　形による区分

① 壺地業

　　柱の下だけに地業を行う方法で、地盤が強い場合か柱への荷重が少ないときに用いられる（独立基礎、側壺基礎）。

② 布地業

　　柱列又は壁の下を帯状に地業を行う方法で、最も一般的で確実な方法であるため、特に外周に用いられる（布基礎）。

③ 総地業

　　地下室等を設ける場合とか、特に地盤が弱い場合に建物全体の下をかためる方法である（べた基礎）。

イ　方法又は材料による区分

① 割栗地業

　　最も多く使われる方法で根伐り底に割栗石を小端立てに張るもので、１段張りを原則とする。幅は基礎スラブ幅より両端を５～10cmずつ広くし、一般的な厚さは12～15cm、大きな荷重が係わるものについては20～25cm程度とする。なお、目つぶし砂利を割栗石の上にその１／３程度入れてつき固める。

② 砂地業

　　良好な地盤の上に直接基礎をすえる場合に根伐り面の乱れを補強するために厚さ10cm前後の砂を敷く方法で、泥地や埋立地で地面が締まらぬ所では、厚さ４cm幅20cm程度の松板又は12cm角の野角杭を常水面下まで打込み内側の土を砂に替えて地盤を強固にすることもある。

③ 砂利地業

　　根伐り面に切込砂利を６～10cm敷込み、つき固める方法である。

④ 杭地業

　　木造の杭には、硬い地層まで届く支持杭よりも短くてすむ摩擦杭が多く用いられる。普通はコンクリートパイルを使用するが、常水位が確認できれば松杭（マツ、カラマツ、ベイマツ、末口12～20cm、長さ3.6～15m程度）を使用することもあり、常水位が変動する場合又はその可能性があるときは、コンクリートパイルを継ぎ足すか、ローソク地業を併用すればよい。

⑤ ローソク地業

　　表面の地盤が軟弱な場合で石造又はコンクリート造の束石を立てて下の地盤に荷重を伝える方法である。

⑥ いかだ地業

　　軟弱地盤が深い場合で泥土に建物を浮かせる地業で、マツ、クリ、ヒノキ等の生丸太を30～60cm間隔に並べ、すき間に割栗石を詰め、この上に直角に丸太を敷き並べた上にコンクリートを打ち、平板状とし基礎のフーチングを受ける方法である。

⑦ 地つき、玉石地業（玉石基礎）

　セメントや骨材が入手しにくい時代に、地盤を固めた上に、間知石や切石、玉石等を据え付ける方法である。

> **第19条**
> 3　軸部（柱及び敷居）に傾斜が発生しているときは、次の調査を行うものとする。
> 　一　原則として、当該建物の工事箇所に最も接近する壁面の両端の柱及び建物中央部の柱を全体で3箇所程度を計測する。
> 　二　柱の傾斜の計測位置は、直交する二方向の床（敷居）から1メートルの高さの点とする。
> 　三　敷居の傾斜の計測位置は、柱から1メートル離れた点とする。
> 　四　計測の単位は、ミリメートルとする。

解　説

1　軸部（柱及び敷居）の傾斜状況の調査は、調査対象となるすべての建物について行うことを原則とし、調査箇所（場所）は、建物の間取り、工事箇所と建物の位置等によって現地調査の段階で決定するものとする。

2　柱及び敷居の傾斜は、単にそのものだけが傾斜することは少なく、建物（地盤）の沈下等が原因となって、全体に影響を及ぼしている場合と、束石等の緩みによって発生するものがあるので、柱又は敷居のいずれが傾斜しているかを把握する必要がある。なお、計測位置及びその方向については、下図を参考とされたい。

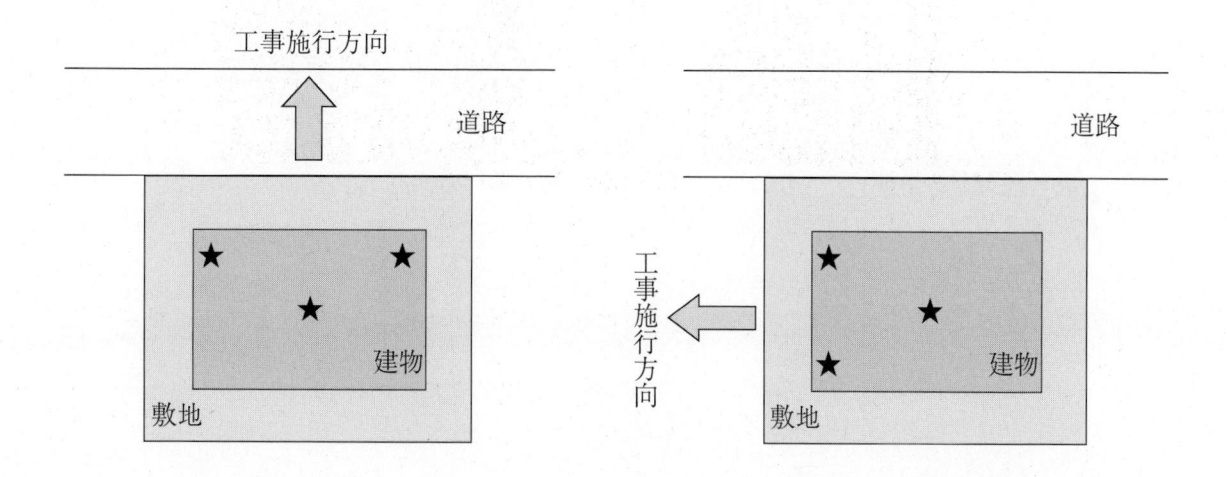

★印：計測位置を示す。

32

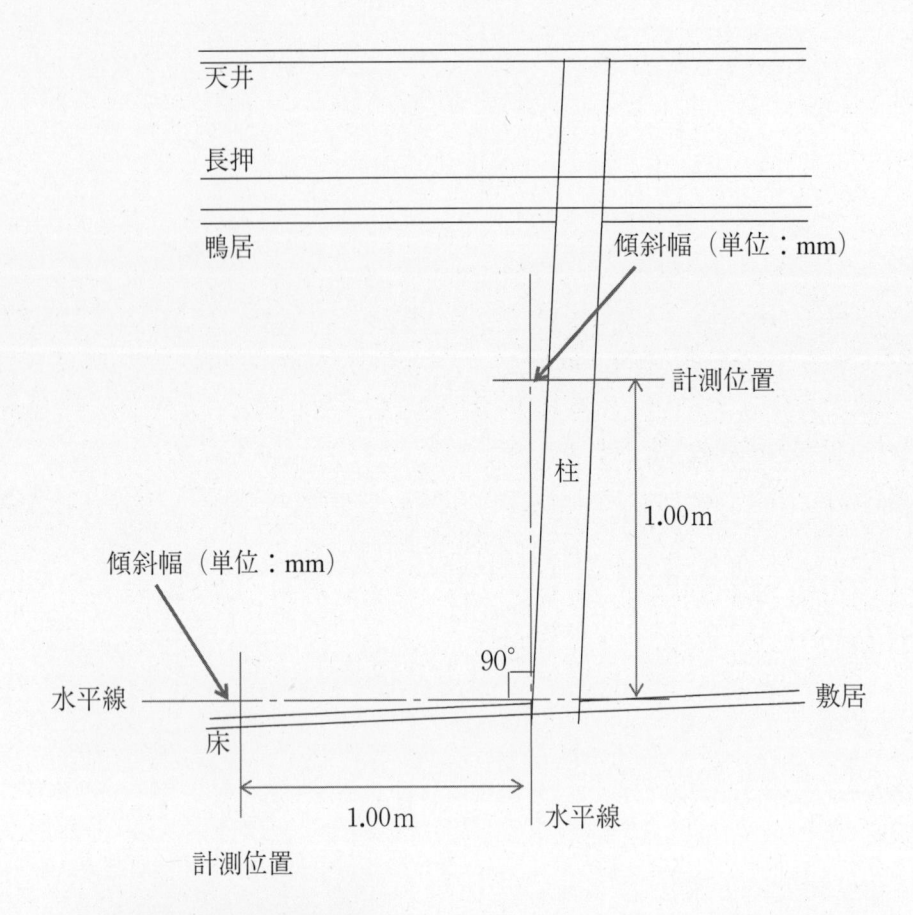

柱傾斜の計測 **敷居傾斜の計測**

注）写真上の計測器は1m間の傾斜角度を測定する機器を使用。

第19条
4 開口部（建具等）に建付不良が発生しているときは、次の調査を行うものとする。
　一 原則として、当該建物で建付不良となっている数量調査を行った後、主たる居室のうちから一室につき1箇所程度とし、全体で5箇所程度を計測する。
　二 測定箇所は、柱又は窓枠と建具との隙間との最大値の点とする。
　三 建具の開閉が滑らかに行えないもの、又は開閉不能及び施錠不良が生じているものは、その程度と数量を調査する。
　四 計測の単位は、ミリメートルとする。

解 説

1 開口部（建具等）の建付不良調査は、建物ごとに全体で5箇所程度を行うこととなっているが、具体の測定箇所（場所）を決定するためには、当該建物全体の建付状況を把握したうえで、各々の計測を行うこととする。
2 建付不良とは、建具が次の状態にあるものをいう。
　ア 建具を閉めたときに建具と柱又は窓枠との間に隙間が生じているもの
　イ 建具の開閉が滑らかでないもの又は開閉不能のもの
　ウ 施錠不良が生じているもの

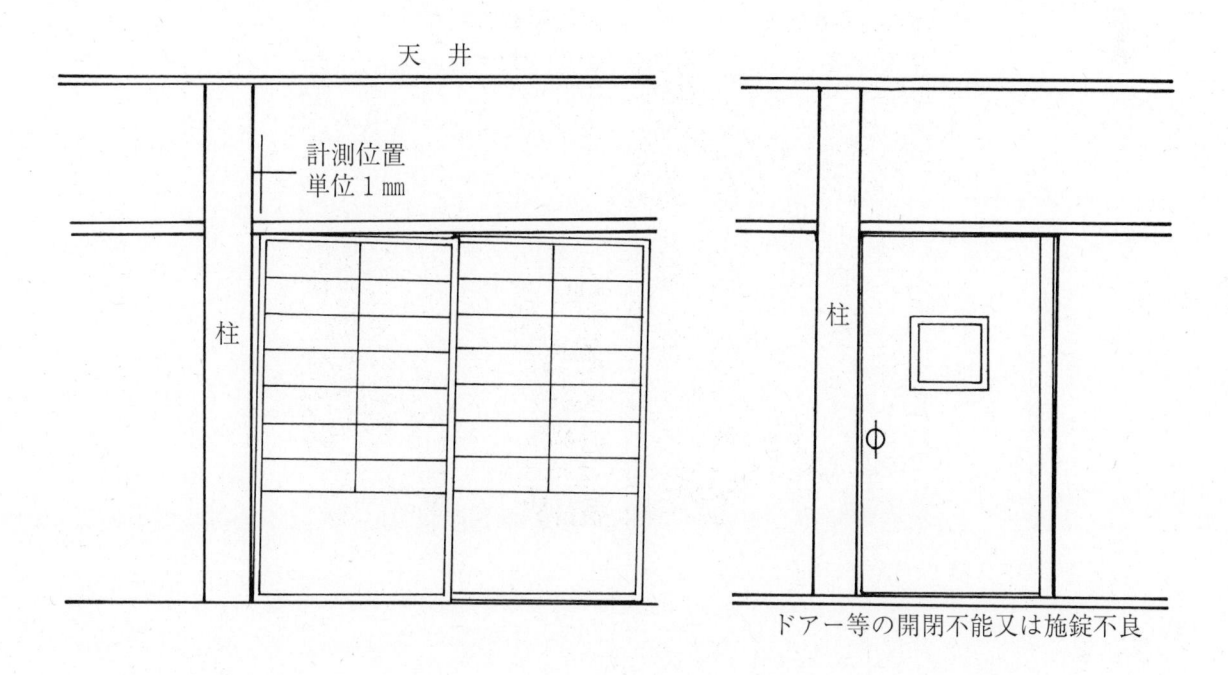

天　井

計測位置
単位1㎜

柱

柱

ドアー等の開閉不能又は施錠不良

アルミ建具の施錠不良　　　**アルミ建具の隙間**

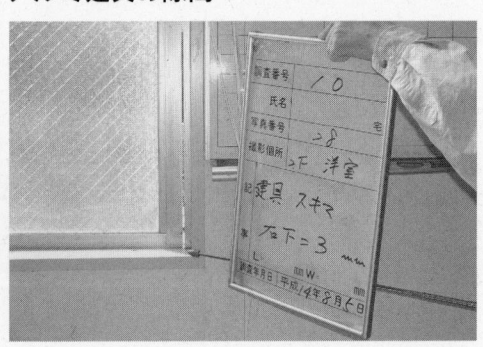

3　建付不良の計測は、アルミサッシと木製建具に区分して行う必要がある。これらの計測箇所（場所）の割合等については、全体の状況判断から決定することとなるが、アルミ系のものは、扉又は戸そのものの変形は考えられないことから、建付不良となる主たる原因は、釣込み調整不良又は柱、敷居等の本体の傾斜等に伴って取り付けられている窓枠が変形している場合が多い。

　この場合には、前項の軸部の調査との関連を考慮した調査が必要である。

4　木製建具の建付不良調査は、現に柱又は窓枠（敷居又は鴨居材）と釣込まれている建具との隙間が発生している状況の場合には、適格な状況を把握するために二度三度開閉を行ったうえで判断する必要がある。

　この場合の計測は、扉又は戸を閉めた状態で窓枠等との隙間を計測することとなるが、単に隙間の計測のみならず、柱又は敷居等の傾斜の有無についても調査を行っておく必要がある。

木製建具の隙間　　　**木製建具の隙間**

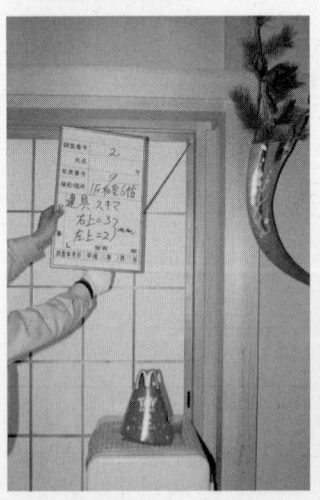

5　隙間の計測は戸建て建物については1棟で5か所程度の開口部で行うこととするが、開口部は直角となる2方向の箇所を選んで行うものとする。また、計測する開口部は、出入口、窓を問わないこととされているが、傾斜の程度を知るうえでは出入口の方が妥当である。

第19条

5　床に傾斜等が発生しているときは、次の調査を行うものとする。
　一　えん甲板張り等の居室（畳敷の居室を除く。）について、気泡水準器で直交する二方向の傾斜を計測する。
　二　床仕上げ材に亀裂及び縁切れ又は剥離、破損が生じているときは、それらの箇所及び状況（最大幅、長さ又は大きさ）を計測する。
　三　束又は大引、根太等床材に緩みが生じているときは、その程度を調査する。
　四　計測の単位は、幅についてはミリメートル、長さ及び大きさについてはセンチメートルとする。

解　説

1　床の傾斜等の調査は、第3項軸部（柱及び敷居）の調査結果によって、ある程度発生の有無を推定することが可能であるが、第3号の束又は大引、根太等の緩みによる床のきしみは、傾斜の有無に係わりなく発生するものであり、室内を歩いてみて確認する必要がある。

2　床の損傷は、えん甲板等の張材とモルタル等の塗仕上げによって、調査の方法も異なったものとなる。えん甲板の張材の場合は、継手（合せ）部分が正常であるか否かによって判断することが可能である。また、塗仕上げの場合には、亀裂又は剥離等に重点を置いた調査を行うこととなる。

床の不陸

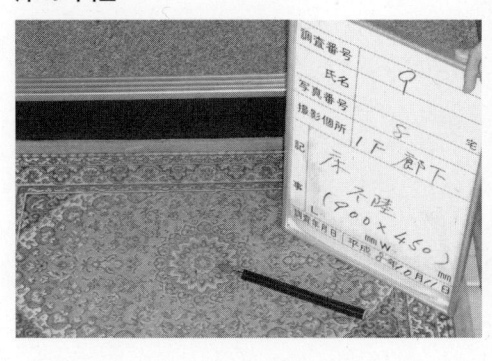

床のきしみ

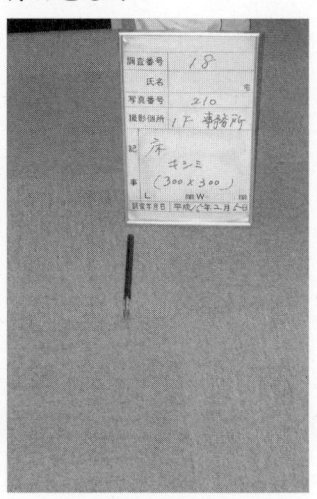

> **第19条**
> 6　天井に亀裂、縁切れ、雨漏等のシミが発生しているときの調査は、内壁の調査に準じて行うものとする。

解説

1　天井部分の調査は、クロス等の張材にあっては仕上げ材の継手部分が正常であるか否かを重点とし、塗材にあっては廻縁付近を特に注意して調査する必要がある。また、漏水等によるシミ等が発生しているものは、大きさ、形状等を調査することとなる。

天井の雨漏り跡　　　天井の雨漏り跡

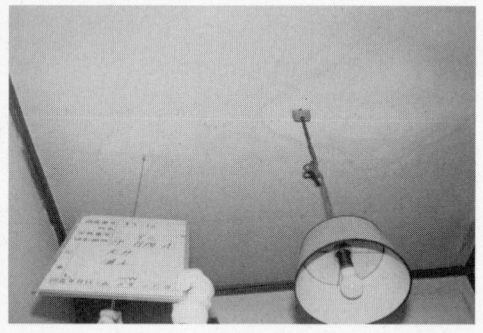

> **第19条**
> 7　内壁にちり切れ（柱及び内法材と壁との分離）が発生しているときは、次の調査を行うものとする。
> 　一　居室ごとに発生箇所数の調査を行った後、主たる居室のうちから一室につき1箇所、全体で6箇所程度を計測する。
> 　二　計測の単位は、幅についてはミリメートルとする。

解説

1　内装については柱又は敷居、鴨居等の内法材と壁との間に生じたちり切れ（次頁の図参照）の状態についても調査することとしている。

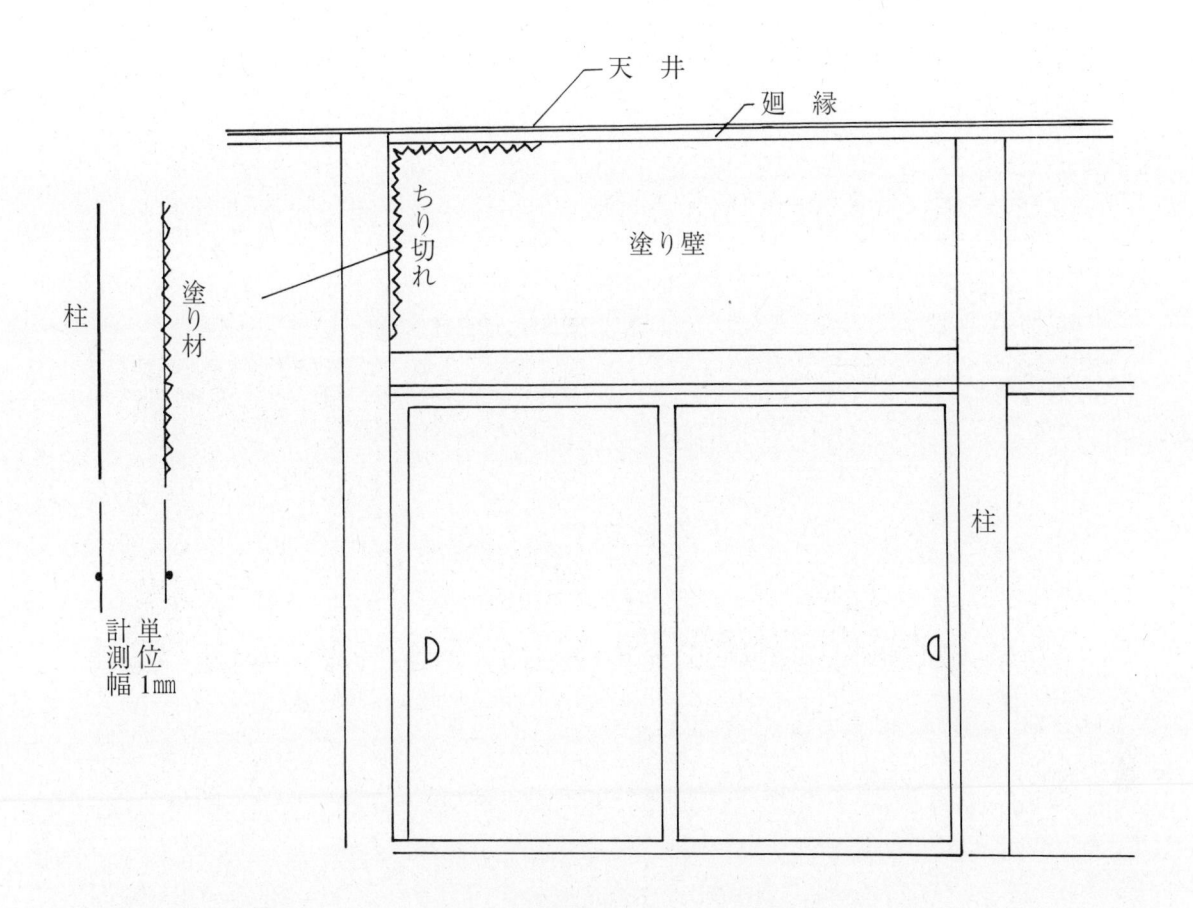

［図：塗り壁・ちり切れ・天井・廻縁・柱・塗り材、計測幅 単位1mm］

2　内壁のちり切れは、主として塗材の乾燥収縮によって発生するものであり、現在建築されている建物はその施工状況からして、経過年数を経るとともにある程度の発生はやむを得ないものである。なぜならば、戦前に建築された建物（すべての建物ではない。）にあっては、下図のようにちり切れが発生しないような処置が行われていたが、現在では、ラスボードの下地に直接塗りこみを行うだけで、塗材の乾燥によって各々の材質が異なったものであることから分離が発生することとなる。

【現在の施工方法】

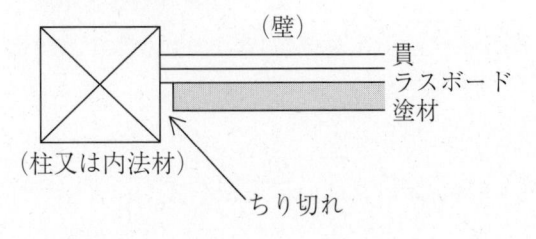

（柱又は内法材）（壁）貫／ラスボード／塗材／ちり切れ

【戦前の施工方法】

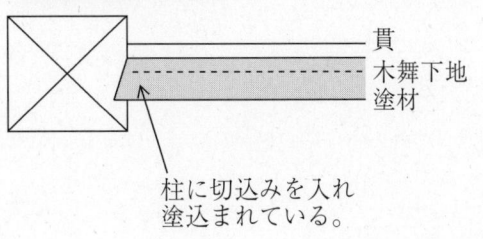

貫／木舞下地／塗材
柱に切込みを入れ塗込まれている。

3　ちり切れの計測は、発生しているもののすべてについて行う必要はない。「主たる居室から一室につき1箇所、全体で6箇所程度」とされた理由は、前述のとおり、建物が経過年数を経るとともにどの居室においてもある程度発生する損傷であるため、計測箇所以外の箇所におけるちり切れは、計測箇所の計測値と同程度のものと推測することが可能であるからである。

壁のちり切れ　　　　　壁のちり切れ

第19条
8　内壁に亀裂が発生しているときは、次の調査を行うものとする。
一　原則として、すべての亀裂の計測をする。
二　計測の単位は、幅についてはミリメートル、長さについてはセンチメートルとする。
三　亀裂が一壁面に多数発生している場合にはその状態をスケッチするとともに、壁面に雨漏等のシミが生じているときは、その形状、大きさの調査をする。

解　説

1　一般的に内壁（主として塗壁）に生ずる亀裂は、第3項で調査される軸部（柱及び敷居）に大きな傾斜が発生している場合に、はじめて発生するものであって、通常の場合には亀裂までに至らないことが多い。しかしながら、現在の建物にあっては、建物の傾斜に係わりないが下地であるラスボードの張り合わせ部分に亀裂が発生することが多い。
　これは本来であれば、その壁面を一枚のラスボードによって施工すべきところを、何枚ものラスボードによって施工してあることによる。施工上の欠陥による損傷であるといわれている。
2　内壁のクロス、壁紙、化粧合板等の張仕上げの場合の損傷調査は、前項の天井調査と同様に継手又は張り合せ部分が正常であるか否かと漏水等によるシミ等についての発生状況を調査することとなる。
3　内壁の亀裂の調査は「原則として、すべて」を計測することとされているのは、一般的に

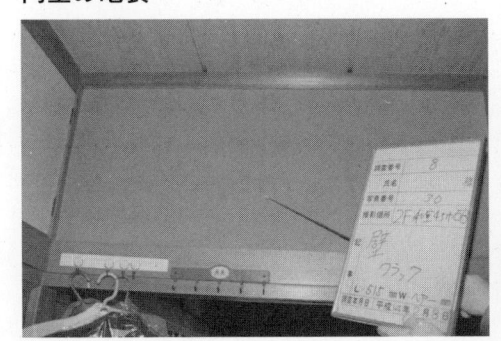

内壁の亀裂　　　　　　　　内壁の亀裂

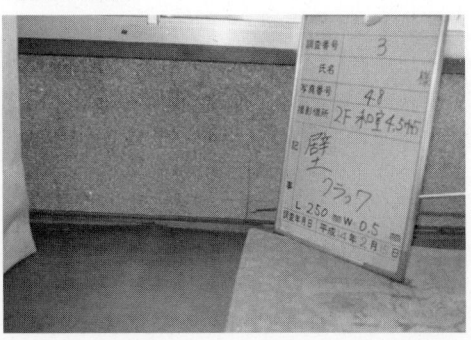

はそれほど多く発生する損傷ではないからである。計測の方法は、幅にあっては最大部分とするが、亀裂が分岐しているときは分岐点の幅について行うことが必要である。また、長さについては亀裂の先端と終了時の直線距離を計測することとなる。この場合の亀裂か否かの判断にあたって塗材の乾燥収縮によって発生する微細なものは亀裂として扱う必要はない。

> **第19条**
> 9　外壁に亀裂等が発生しているときは、次の調査を行うものとする。
>   一　四方向の立面に生じている亀裂等の数量、形状等をスケッチするとともに、一方向の最大の亀裂から2箇所程度を計測する。
>   二　計測の単位は、幅についてはミリメートルとし、長さについてはセンチメートルとする。

解　説

1　外壁の仕上げ材に損傷が発生する場合で最も多いのが、モルタル塗りに発生する亀裂である。この亀裂も構造的なものと、仕上げ材の乾燥収縮によるものとがあり、一般的に建築後4～5年程度経過するとある程度発生するものである。
2　調査の方法を「四方向の立面に生じている亀裂等の数量、形状等をスケッチするとともに、一方向の最大の亀裂から2箇所程度を計測する。」と定められているのは、おおむね次の理由からである。
ア　事前調査時点では、亀裂等の損傷がまったく発生していなかったものが、事後調査では損傷が確認された場合
　　この場合には、その壁一面を「従前と同程度の仕上げ材で塗り替え」ることとなり、原則的には損傷の大きさ等には関係なく処理されることとなる。ただし、具体的な処理にあたっては、損傷の発生量等状況判断によって行うべきである。例えば、一壁面に小さな亀裂が一つだけ発生した場合に直ちに塗り替えによって処理する必要はなく、モルタル塗り

の場合には、ガン吹付け等の処置を行うこととして費用負担を積算することも考えられる。
イ　事前調査時点の亀裂数と事後調査での亀裂数には変化はないが、幅、長さについてある程度拡大していると判断される場合には、修復基準によって「発生箇所を充填し、又は従前と同程度の仕上げ材で補修する。」としていることから、発生している亀裂等を充填するための費用負担を積算することとなる。この場合にすべての亀裂について計測を行わなくとも、具体的な補修は一面に数多く発生している亀裂のうち、亀裂が拡大したと判断したいくつかのものだけを補修することは、現地での補修方法としては非現実的なものであって、その壁面すべてを対象とすることもやむを得ないものと思われる。なぜならば、一部のみを補修（充填等の措置）を行ったのでは、壁面によっては、美的景観を損なうこととなり、その場合の処置として、ガン吹付け等に要する費用を負担額に加算して積算することもあり得るからある。
ウ　事後調査の結果、従前からの損傷が拡大し、かつ、新しい亀裂も発生している場合には、従前の損傷の拡大に係わりなく、その壁面はアの場合と同様な処置によって費用負担が積算されることとなる。したがって、事後調査においては、損傷（亀裂）の有無及び数量が問題であって、一つ一つの損傷（亀裂）の大きさは、それほど大きな問題とはならないこととなる。

外壁の亀裂　　**外壁の亀裂**

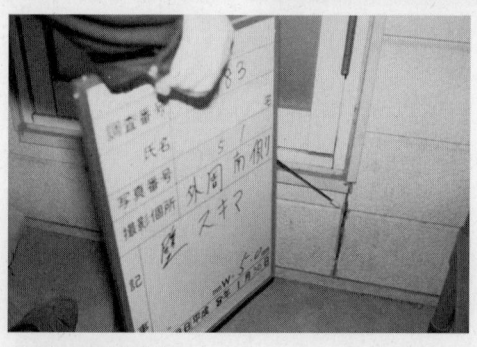

外壁の目地隙間

> **第19条**
> 10 屋根（庇、雨樋を含む。）に亀裂又は破損等が発生しているときは、当該建物の屋根伏図を作成し、次の調査を行うものとする。
> 　一　仕上げ材ごとに、その損傷の程度を計測する。
> 　二　計測の単位は、原則として、センチメートルとする。ただし、亀裂等の幅についてはミリメートルとする。

解　説

1　屋根（庇、雨樋を含む。）の損傷は、一般的には、雨漏り等の発生につながるものであり、即日常の生活に支障をきたすものであることから、補修等の応急措置が施されていることが多く、事前調査時点に具体的な損傷の有無を的確に把握することは困難なことが多い。したがって、事前調査では雨漏り等の痕跡の有無並びに屋根仕上げ材の現況等の調査を行うこととなる。ただし、雨樋等で可視できる部分については、各々の損傷状況を調査することとな

屋根の瓦ずれ　　　　屋根の壁剥落

る。

2　屋根等の損傷は、多くの場合に雨漏り等の状況が発生して、はじめて確認できるものであり、使用者からの損傷発生の申出を受けて事務処理要領第5条の応急措置を行うことが多くなる。

3　事後調査及び費用負担の積算にあたっては、先に処置された応急措置の状態が本来の形状又は形態となっているかの判断（調査）を行い、必要と認められた場合にはその費用負担額を積算することとなる。

(参考）事務処理要領

> （応急措置）
> 第5条　地盤変動が発生したことにより、建物等の所有者に第6条第2項に規定する社会生活上受忍すべき範囲（以下「受忍の範囲」という。）を超える損害等が生じ、又は生ずると見込まれる場合において、前3条の調査の結果等から当該損害等の発生が当該工事による影響と認められ、かつ、緊急に措置を講ずる必要があると認められるときは、合理的かつ妥当な範囲で、応急措置を講ずるものとする。

第19条
11　水廻り（浴槽、台所、洗面所等）に亀裂、破損、漏水等が発生しているときは、次の調査を行うものとする。
　一　浴槽、台所、洗面所等の床、腰、壁面のタイル張りに亀裂、剥離、目地切れ等が生じているときは、すべての損傷を第8項に準じて行う。
　二　給水、排水等の配管に緩み、漏水等が生じているときは、その状況等を調査する。

解　説

1　浴室の床等のタイル張りに亀裂、剥離、目地切れ、破損等の損傷が生じているときは、これらのすべてについて計測するものとし、亀裂が一壁面に多数生じている場合には、その状態をスケッチするものとする。
2　浴室等の給水管、排水管については、これらの緩みの状況等を調査することとしている。
3　浴槽等の漏水は補修箇所から再発する場合が多いことから、配管の取付け状況、補修の有無を調査することとする。

タイルの縁切れ 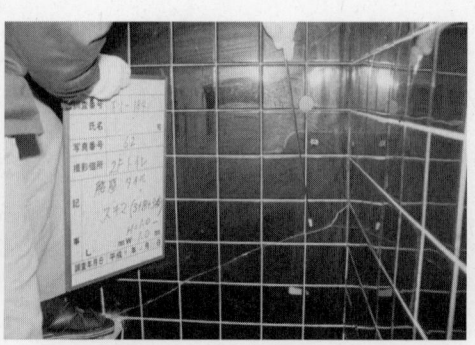　　　　タイルの亀裂 　　　　タイルの目地切れ

> **第19条**
> 12　外構（テラス、コンクリート叩、ベランダ、犬走り、池、浄化槽、門柱、塀、擁壁等の屋外工作物）に損傷が発生しているときは、前11項に準じて、その状況等の調査を行うものとする。この場合において、必要に応じ、当該工作物の平面図、立面図等を作成し、損傷箇所、状況等を記載する。

解説

1　外構については、本標準仕様書で定めるとおり屋外工作物の形態によって、相当と判断される調査の方法により行うこととする。
　例えば、
　コンクリート叩では亀裂の損傷、門柱、塀で、コンクリートブロックで構成しているものは亀裂、破断、目地切れ、隙間の損傷、鉄又はアルミの既製品のものは外形上の損傷を調査することとなる。なお、外構の損傷調査にあたっては、あらかじめ当該工作物の構造、仕様を把握して行うことが必要である。

土間コンクリートの亀裂　　ブロック塀の亀裂　　土間コンクリートの縁切れ

> **実務経験者からの一言！**
> 　地盤変動が生じやすい工事面側の工作物については、特に詳細な調査を行っておくことが必要です。このため、事前調査を行うにあたっては必ず周辺の地理を把握し、工事箇所がどの位置なるかを理解しておく必要があります。

（写真撮影）
第20条 前条に掲げる建物等の各部位の調査に当たっては、計測箇所を次の各号により写真撮影するものとする。この場合において、写真撮影が困難な箇所又はスケッチによることが適当と認められる箇所については、スケッチによることができるものとする。
一 カラーフィルムを使用する。
二 撮影対象箇所を指示棒等により指示し、次の事項を明示した黒板等と同時に撮影する。
　(1) 調査番号、建物番号及び建物所有者の氏名
　(2) 損傷名及び損傷の程度（計測）
　(3) 撮影年月日、撮影番号及び撮影対象箇所

解 説

1 スケッチによることが適当と認められる箇所とは、例えば、写真のフレームに収まらない損傷箇所や写真撮影することによって所有者等のプライバシーを侵害するおそれのあるところである。
2 写真撮影はカラーフィルムを使用することとなっているが、近年では汎用性のあるデジタルカメラを使用する場合もある。

> 実務経験者からの一言！
>
> ① 写真撮影に使用するレンズ等は事前調査、事後調査共に同一のものを使用するようにして下さい。広角や望遠、レンズサイズによって撮影写真の撮影範囲や画像精度が大きく異なり、事前事後の対比確認が行いにくくなる場合があります。
> 　また、事後調査の写真撮影は、事前調査で撮影した写真の角度や距離を確認し、必ず同一の撮影位置から撮影するように心がけて下さい。
> ② 事後調査を他の補償コンサルタントが実施する場合もありますので、事前調査を行う者は、特に写真撮影が困難な損傷箇所についてスケッチを多めにとることが必要です。

> （事後調査における損傷調査）
> **第21条** 請負者は、事前調査を行った損傷箇所等の変化及び工事によって新たに発生した損傷について、その状態及び程度を前３条の定めるところにより調査を行うものとする。
> ２　事前調査の調査対象外であって、事後調査の対象となったものについては、第18条事前調査における一般的事項に準じた調査を行ったうえで損傷箇所の調査を行うものとする。

解説

1　事後調査は、地盤変動により建物等の損害が発生したとする建物等の所有者の申出（事務処理要領第３条第１項）のあった者の建物等について行うこととなる。したがって、事前調査を行った建物等をすべて行うものではない。なお、損害等の申出の方法は問わないこととされている。

2　事後調査の対象とする建物等は、工事の着手時以降に建物等に損害等が発生したとして申出があり、かつ、事務処理要領第３条の地盤変動の原因等の調査を行った結果、当該損害等が工事の施行に起因する地盤変動によって生じたものであると判断したものとなる。

3　事後調査（事前調査を実施していないものを除く。）は、原則として、事前調査書を基に損傷の拡大状況又は新たに発生している損傷の状況等について調査することとなる。
　したがって、事前調査を実施していない建物等の事後調査は第17条の間取り等の調査とともに発生してくる損傷が工事開始以前のものか、当該工事によって発生したものであるかの判断を行う必要があることになる。

4　雨漏りや漏水が生じたとして、建物等の所有者又は使用者がすでに応急措置を講じている場合については、当該応急措置に要した費用のうち適正とされるものについては費用負担が行われる（事務処理要領第８条）ため、応急措置の状況を調査するものとする。

（参考）事務処理要領

> （地盤変動の原因等の調査）
> **第３条** 起業地の周辺地域の建物等の所有者又は使用貸借若しくは賃貸借による権利に基づき建物等を使用する者（以下「使用者」という。）から地盤変動による建物等の損害等（以下単に「地盤変動による損害等」という。）の発生の申出があったときは、地盤変動による建物等の損害等と工事との因果関係について、速やかに調査を行うものとする。
> ２　（略）
> （応急措置に要する費用の負担）

第8条　第5条に規定する場合において、建物等の所有者又は使用者が応急措置を講じたときは、当該措置に要する費用のうち適正に算定した額を負担するものとする。

（費用負担の請求期限）

第10条　費用の負担は、建物等の所有者又は使用者から当該公共事業に係る工事の完了の日から一年を経過する日までに請求があった場合に限り行うことができるものとする。

第2節　調査書等の作成

（事前調査書等の作成）

第22条　請負者は、事前調査を行ったときは、次の各号の事前調査書及び図面を作成するものとする。

一　調査区域位置図
二　調査区域平面図
三　建物等調査一覧表（様式第5号）
四　建物等調査書（平面図・立面図等）（様式第6号）
五　損傷調査書（様式第7号）
六　写真集（様式第8号）

解説

1　事前調査書及び図面の作成方法は、第23条各号に定めるところにより作成するものとする。
2　成果品としての事前調査書等の作成方法及び提出部数は、第15条（成果品）の定めるところによる。

（事前調査書及び図面）

第23条　請負者は、前条の事前調査書及び図面を次の各号により作成するものとする。

一　調査区域位置図は、工事の工区単位ごとに作成するものとし、調査区域と工事箇所を併せて表示する。この場合の縮尺は、5,000分の1又は10,000分の1程度とする。
二　調査区域平面図は、調査区域内の建物の配置を示す平面図で工事の工区単位又は調査単位ごとに次により作成する。

⑴　調査を実施した建物については、建物等調査一覧表で付した調査番号及び建物番号を記載し、建物の構造別に色分けし、建物の外枠（外壁）を着色する。この場合の構造別色分けは、木造を赤色、非木造を緑色とする。
　⑵　縮尺は、500分の１又は1,000分の１程度とする。
三　建物等調査一覧表は、工事の工区単位又は調査単位ごとに調査を実施した建物等について調査番号、建物番号（同一所有者が２棟以上の建物等を所有している場合）の順に建物等の所在及び地番、所有者並びに建物等の概要等必要な事項を記入する。
四　建物等調査図（平面図・立面図等）は、第18条及び第19条の事前調査の結果を基に建物等ごとに次により作成するものとする。
　⑴　建物平面図は、縮尺100分の１で作成し、写真撮影を行った位置を表示するとともに建物延べ面積、各階別面積及びこれらの計算式を記入する。
　⑵　建物立面図は、縮尺100分の１により、原則として、四面（東西南北）作成し、外壁の亀裂等の損傷位置を記入する。
　⑶　その他調査図（基礎伏図、屋根伏図及び展開図）は、発生している損傷を表示する必要がある場合に作成し、縮尺は100分の１又は10分の１程度とする。この場合において写真撮影が困難であり、又は詳細（スケッチ）図を作成することが適当であると認めたものについては、スケッチによる調査図を作成する。
　⑷　工作物の調査図は、損傷の状況及び程度により建物に準じて作成する。
五　損傷調査書は、第18条及び第19条の事前調査の結果に基づき、建物ごとに建物等の所有者名、建物の概要、名称（室名）、損傷の状況を記載して作成し、損傷の状況については、事前調査欄に損傷名（亀裂、沈下、傾斜等）及び程度（幅、長さ及び箇所数）を記載する。
六　写真は、撮影したものをカラーサービス判で焼付し、様式第４号に所定の記載を行ったうえでファイルする。

解説

1　第１号の調査区域位置図は、工事の工区ごとに作成するものである。図面の縮尺は、規定する範囲のものを使用することとなる。
2　第２号の調査区域平面図は、第２条第１号の工損調査を行う区域を指示するものと兼用することができるが、現地において具体の調査を行ったうえで、建物等調査一覧表に付す調査番号及び建物番号、建物の構造別色分け等の確定を行い改めて作成することとなる。
3　第２号の建物の構造別色分けにあたり木造（赤色）と非木造（緑色）が混在した建物については、当該建物の主たる構造の色で着色することが適当である。
4　第４号の建物延べ面積及び各階別面積は、用地調査等標準仕様書第21条第３項に定めるところにより計算するものとする。すなわち、図面表示の数値（ミリメートル単位）をメート

ル単位により算定し、小数点以下第3位以下は切り捨て第2位まで求めることとする（例参照）。

例　1階　9.10m × 7.28m ＝ 66.2480m²
　　　　　1.82m × 6.37m ＝ 11.5934m²
　　　　　　　計　　　　＝ 78.8414m² ≒ 77.84m²
　　2階　7.28m × 5.46m ＝ 39.7488m² ≒ 39.74m²
　　1階　　　2階　　　延べ面積
　　77.84m² ＋ 39.74m² ＝ 117.58m²

（参考）用地調査等標準仕様書

> （図面等に表示する数値及び面積計算）
> 第21条　建物等の調査図面に表示する数値は、前条の計測値を基にミリメートル単位で記入するものとする。
> 2　建物等の面積計算は、前項で記入した数値をメートル単位により小数点以下第4位まで算出し、小数点以下第2位（小数点以下第3位切捨て）までの数値を求めるものとする。
> 3　建物の延べ床面積は、前項で算出した各階別の小数点以下第2位までの数値を合計した数値とするものとする。
> 4　1棟の建物が2以上の用途に使用されているときは、用途別の面積を前2項の定めるところにより算出するものとする。

（事後調査書等の作成）
第24条　請負者は、事後調査を行ったときは、事前調査書及び図面を基に建物等の概要、損傷箇所の変化及び工事によって新たに発生した損傷について、第22条各号の調査書及び図面を作成するものとする。

解　説

1　本条で定める事後調査書等の作成は、事前調査を実施しているものにあっては、その調査書に事後調査によって判明した事項を記入することとなる。したがって、建物等調査一覧表（別記様式第5号）にあっては、建物等所有者、建物等の概要等に変更（所有権移転、改造等によって）が生じている場合にはこれらを記載するとともに、応急措置の有無、事後調査

欄の損傷の有無、損傷の概要について記載することとなる。

なお、申出に対する調査結果及び費用負担の要否欄の記載は、事務処理要領第3条（地盤変動の原因等の調査）の調査結果及び事前調査の損傷の程度と事後調査での損傷程度を比較検討を行ったうえで総合的に判断することとなる。その判断は第25条（費用負担要否の決定）で規定するとおり検討結果について監督職員に報告するものとし、倒壊した場合等を除き監督職員の判断によって「要」又は「否」を記載することとするのが妥当である。

2　事前調査以降に建物等の増改築等がなされている場合には、新たに増改築等部分の調査を行い、建物等調査書（平面図・立面図等）（別記様式第6号）を作成するものとする。

3　損傷調査書（別記様式第7号）は、事後調査によって判明した損傷の状況を具体的に記載するものであって、事前調査時点に存在していたものと新たに発生した損傷を記載することとなる。

第3節　算　定

> （費用負担の要否の検討）
> **第25条**　費用負担の要否の検討は、発注者が事前調査及び事後調査の結果を比較検討する等をして、損傷箇所の変化又は損傷の発生が公共事業に係る工事の施工によるものと認めたものについて、事務処理要領第6条（費用負担の要件）に適合するかの検討を行うものとする。
> 2　前項の検討結果については、すみやかに監督職員に報告するものとする。

解説

1　費用負担の要否の検討は、費用負担の算定の前段階の業務として実施される。

2　費用負担の要否の検討は、まず、建物所有者からの申出により起業者が地盤変動による損害等と工事との因果関係について調査した結果（事務処理要領第3条第1項）、因果関係「有」と認めた建物等について、事前調査と事後調査による損傷箇所の変化又は損傷の発生が当該工事との関係が認められるかについて判断することとなる。次に、当該工事との関係が認められるものについては、これら損害等が建物等の所有者の受忍の範囲を超えるか否かの判断をすることになるが、事務処理要領付録の修復基準に該当する工事を行う必要が認められるものについては、同要領は受忍の範囲を超えるものとして扱われているので、変化した損傷又は発生した損傷ごとに修復基準に照らし、費用負担の要否を検討することになる。

(参考) 事務処理要領

> （費用負担の要件）
> 第6条　第3条及び第4条の調査の結果等から公共事業に係る工事の施行により発生したと認められる地盤変動により、建物等の所有者に受忍の範囲を超える損害等が生じた場合においては、当該損害等をてん補するために必要な最小限度の費用を負担することができるものとする。
> 2　前項に規定する「受忍の範囲を超える損害等」とは、建物等の全部又は一部が損傷し、又は損壊することにより、建物等が通常有する機能を損なわれることをいうものとする。

実務経験者からの一言！

事前調査をしていなかった建物等の要否の判定方法は、工事箇所に近い建物等や当該建物付近の損傷の度合いを比較して、総合的に判断することが考えられますが、発注者としては、本来であれば、事前調査を行っていない建物等に損傷が発生することは、事前調査範囲の認定が適切でなかったとも考えられるので、あらかじめ事前調査の範囲について、工事担当職員と十分に調整しておく必要があります。

（費用負担額の算定）
第26条　請負者は、費用負担額の算定を指示された場合は、事務処理要領第7条（費用の負担）及び同付録の規定に従って当該建物等の所有者に係る費用負担額の算定を行うものとする。

解説

1　費用負担額の算定は、申出に係る建物につき前条による費用負担の要否の検討をし、「要」の結論を得て監督職員に報告した後、発注者からの指示により行われることになる。

2　本条による費用負担額の算定は、建物等の使用目的及び使用状況、損害等の発生状況並びに建物等の経過年数等を総合的に判断して、①建物等の損傷箇所を補修する方法、②建物等の構造部を矯正する方法及び③建物等を復元する方法のいずれかを選択して行うこととする（事務処理要領第7条）。

それぞれの算定方法は付録の式によるものとし、①建物等の損傷箇所を補修する方法による場合は「別表　修復基準」を標準として行うこととなる。

3　建物等が著しく損傷したことにより建物等の所有者又は使用者が仮住居を必要とし、又は営業の休止を余儀なくされた場合には、一般補償基準の規定に準じて所要額を算定する場合がある（事務処理要領第9条）。この算定にあたっては、特記仕様書又は監督職員の指示によることとなる。建物等の所有者等が応急措置を講じた場合の費用負担の算定（事務処理要領第8条）にあたっても同様とする。

4　費用負担額の算定にあたっては、請負者の指示いかんによるが、建物等の所有者が消費税の最終負担者となる場合には、消費税及び地方消費税相当額を併せ算定することとなる。その額は、付録の式のうち「その他経費」を除く算定額に対してである。

（参考）事務処理要領

（費用の負担）

第7条　前条第1項の規定により負担する費用は、原則として、損害等が生じた建物等を従前の状態に修復し、又は復元すること（以下「原状回復」という。）に要する費用とするものとする。この場合において、原状回復は、建物等の使用目的及び使用状況、損害等の発生箇所及び発生状況並びに建物等の経過年数等を総合的に判断して、技術的及び経済的に合理的かつ妥当な範囲で行うものとする。

2　前項の規定により負担する原状回復に要する費用は、次の各号に掲げる方法のうち技術的及び経済的に合理的と認めるものによる費用とし、付録の式によって算定するものとする。

一　建物等の損傷箇所を補修する方法（建物等に生じた損傷が構造的損傷を伴っていないため、主として壁、床、天井等の仕上げ部を補修することによって原状回復を行う方法）

二　建物等の構造部を矯正する方法（建物等に生じた損傷が構造的損傷を伴っているため、基礎、土台、柱等の構造部を矯正したうえ前号の補修をすることによって原状回復を行う方法）

三　建物等を復元する方法（建物等に生じた損傷が建物等の全体に及び前二号に掲げる方法によっては原状回復することが困難であるため、従前の建物等に照応する建物等を建設することによって原状回復を行う方法）

（その他の損害等に対する費用の負担）

第9条　前2条の規定による費用の負担のほか、建物等が著しく損傷したことによって建物等の所有者又は使用者が仮住居の使用、営業の一時休止等を余儀なくされたことによる損害等については、その損害等の程度に応じて「公共用地の取得に伴う損失補償基準（昭和37年10月12日用地対策連絡協議会理事会決定）」に定めるところに準じて算定した額を負担することができるものとする。

別 表　　　　　　　　　修 復 基 準

損傷の発生箇所	修 復 の 方 法 と 範 囲	
	損傷が新たに発生したもの	従前の損傷が拡大したもの
外壁	発生箇所に係る壁面を従前と同程度の仕上げ材で塗り替え、又は取り替える。ただし、ちり切れにあっては、発生箇所を充てんする。	発生箇所を充てんし、又は従前と同程度の仕上げ材で補修する。ただし、損傷の拡大が著しい場合は、発生箇所に係る壁面を従前と同程度の仕上げ材で塗り替え、又は取り替えることができるものとする。
内壁 天井	発生箇所に係る壁面を従前と同程度の仕上げ材で塗り替え、又は張り替える。ただし、発生箇所が納戸、押入れ等の場合又はちり切れの場合にあっては、発生箇所を充てんする。 経過年数が10年未満の建物及び維持管理の状態がこれと同程度と認められる建物で発生箇所が納戸、押入れ等以外の居室等の場合は、当該居室等のすべての壁面を従前と同程度の仕上げ材で塗り替え、又は張り替えることができるものとする。	発生箇所を充てんし、又は従前と同程度の材料で補修する。ただし、損傷の拡大が著しい場合は、発生箇所に係る壁面を従前と同程度の仕上げ材で塗り替え、又は張り替えることができるものとする。
建具	建付けを調整する。ただし、建付けを調整することが困難な場合にあっては、建具を新設することができるものとする。	建付けを調整する。ただし、建付けを調整することが困難な場合にあっては、建具を新設することができるものとする。
タイル類	目地切れの場合にあっては、発生箇所の目地詰めをし、亀裂又は破損の場合にあっては、発生箇所を従前と同程度の仕上げ材で張り替える。ただし、浴室、台所等の水を使用する箇所で漏水のおそれのある場合は、必要な範囲で張り替えることができるものとする。 玄関回り等で亀裂又は破損が生じた場合は、張り面のすべてを従前と同程度の仕上げ材で張り替えることができるものとする。	発生箇所を充てんする。ただし、発生箇所が浴室、台所等の水を使用する箇所で損傷の拡大により漏水のおそれのある場合は、必要な範囲で張り替えることができるものとする。
コンクリート叩	コンクリート又はモルタルで充てんし、又は不陸整正する。ただし、損傷が著しい場合は、必要な範囲で解体し、新たに打設することができるものとする。	コンクリート又はモルタルで充てんし、又は不陸整正する。ただし、損傷の拡大が著しい場合は、必要最小限の範囲で解体し、新たに打設することができるものとする。
屋根	瓦ずれが生じている場合は、ふき直し、瓦の破損等が生じている場合は、従前と同程度の瓦を補足し、ふき直す。	瓦ずれが生じている場合は、ふき直し、瓦の破損等が生じている場合は、従前と同程度の瓦を補足し、ふき直す。
衛生器具	従前と同程度の器具を新設する。	器具の種類及び損傷の状況を考慮して必要な範囲を補修する。ただし、補修では回復が困難と認められる場合は、従前と同程度の器具を新設することができるものとする。
その他	発生箇所、損傷の状況等を考慮して従前の状態又は機能に回復することを原則として補修する。	発生箇所、損傷の状況等を考慮して従前の状態又は機能に回復することを原則として補修する。

第4章　費用負担の説明

> （費用負担の説明）
> **第27条**　費用負担の説明とは、公共事業に係る工事の施行に起因する地盤変動により生じた建物等の損害等に係る費用負担額の算定内容等（以下「費用負担の内容等」という。）の説明を行うことをいう。

解　説

1　本条は、本章において定める「費用負担の説明」の意義が費用負担の内容等を権利者に説明を行うことである旨定められている。
2　費用負担の説明に係る業務は、権利者に対し費用負担の内容等について理解が得られるよう説明を行う事実行為の範囲とし、法律行為としての疑義のある交渉又は説得は含まないものである。
3　費用負担の内容等の説明事項としては、おおむね次のものとなる。
　ア　事前調査及び事後調査からみた損害等の状況
　イ　費用負担の原則（原状回復）
　ウ　当該建物等に対する原状回復の方法
　エ　費用負担額の算定内容
　　算定式の積算項目、修復基準の内容、算定にあたって配慮した事項等

> （概況ヒアリング）
> **第28条**　請負者は、費用負担の説明の実施に先き立ち、監督職員から当該工事の内容、被害発生の時期、費用負担の対象となる建物等の概要、損傷の状況、費用負担の内容、各権利者の実情及びその他必要となる事項について説明を受けるものとする。

解　説

1　本条は、費用負担の説明に際しては、あらかじめ監督職員から工事内容、費用負担の対象

となる建物等の状況、各権利者の状況等について発注者から説明を受ける旨定められている。
2 　請負者が権利者に対し説明を行うためには、当該工事内容を理解したうえで、対象となる建物等の状況及び各権利者の状況について発注者から説明を受けておくことは不可欠なことである。
3 　費用負担の内容等については、説明の中核をなすものであるので、費用負担の内容等資料による詳細な説明を受けておく必要がある。

> （現地踏査等）
> 第29条　請負者は、費用負担の説明の対象となる区域について現地踏査を行い、現地の状況及び説明対象とされた建物等を把握するものとする。
> 2 　請負者は、現地踏査後に費用負担の説明の対象となる権利者等と面接し、費用負担の説明を行うことについての協力を依頼するものとする。

解説

1 　本条は、費用負担の説明を行うにあたっては、現地踏査をして直接現地の状況等を把握するほか、権利者等と面接し、その際協力要請をする旨定められている。
2 　現地踏査は前条の概況ヒアリング後、すみやかに行うものとし、監督職員から得た各権利者の状況等を参考として、発注者と共に権利者等に面接し、費用負担についての説明を行うことについての協力が得られるよう挨拶を兼ねて協力を依頼することとなる。
3 　費用負担の説明にあたっては、権利者が多数存する場合等必要に応じ、地元自治会長等に協力依頼をしておくこととする。

> （説明資料の作成等）
> 第30条　権利者に対する説明を行うに当たっては、あらかじめ、前2条の結果を踏まえ、次の各号に掲げる業務を行うものとし、これらの業務が完了したときは、その内容等について監督職員と協議するものとする。
> 一　説明対象建物及び権利者ごとの処理方針の検討
> 二　権利者ごとの費用負担の内容等の確認
> 三　権利者に対する説明用資料の作成

解 説

1 本条は、権利者に対する説明にあたっての事前に為すべき業務として、費用負担についての説明の処理方針の検討、費用負担の内容等の整理及び説明資料の作成を行う旨定められている。
2 権利者ごとの処理方針は、各権利者の対象物件、権利者の年齢、職業等の状況等を踏まえ、説明の開始時期、期間、時間帯及び説明方法等を定める必要がある。
3 権利者に対する説明資料は、第27条（費用負担の説明）の規定からみて事務処理要領第7条及び同付録に基づく費用負担の内容等に関するものとなろうが、いかなる資料を作成するか、あらかじめ監督職員と協議したうえで資料の作成に着手するのが妥当である。

（権利者に対する説明）
第31条 権利者に対する説明は、次の各号により行うものとする。
一 ２名以上の者を一組として権利者と面接すること。
二 権利者と面接するときは、事前に連絡を取り、日時、場所その他必要な事項について了解を得ておくこと。
2 権利者に対しては、前条において作成した説明用資料を基に費用負担の内容等の理解が得られるよう十分な説明を行うものとする。

解 説

1 本条は、権利者に対する説明は、面接して行う等の説明を行うにあたっての留意すべきことが定められている。
2 説明は２名以上の者で権利者と面接して行うものとされているが、多くの場合は２名のうち１名が説明を担当し、他の者は説明者を補助するとともに説明に対する権利者の言動や反応等を記録するものである。
3 権利者に対する説明は、起業者が提示する費用負担金額での契約締結の前提であり、権利者が費用負担の内容等につき十分に理解し、納得できるように相当程度に具体的かつ詳細に説明を行う必要がある。このことは、行政に求められている「説明責任」の一端を担うものである。したがって、説明にあたりどの程度に具体的かつ詳細な説明をするかについては、監督職員と十分に協議する必要がある。

> （記録簿の作成）
> **第32条** 請負者は、権利者と面接し説明を行ったとき等は、その都度、説明の内容及び権利者の主張又は質疑の内容等を説明記録簿（様式第9号）に記載するものとする。

解 説

1 本条は、権利者と面接して説明を行ったとき等はその都度説明や質疑の内容等について説明記録簿に記録する旨定められている。
2 説明記録簿への記載は、権利者への説明を行った後速やかに記録を担当した者のメモに基づき要点を的確に記載することとなる。
3 説明記録簿に説明の都度記載することは、権利者に説明したことの内容やその回数、権利者の説明に対する理解の程度、権利者の説明に対する反応や要望等を時系列的に把握することができ、次回の説明の際の説明方法等の参考になるものである。

> （説明後の措置）
> **第33条** 請負者は、費用負担の説明の現状及び権利者ごとの経過等を、必要に応じて、監督職員に報告するものとする。
> 2 請負者は、当該権利者に係わる費用負担の内容等のすべてについて権利者の理解が得られたと判断したときは、速やかに、監督職員にその旨を報告するものとする。
> 3 請負者は、権利者が説明を受け付けない若しくは費用負担の内容等又はその他事項で意見の相違等があるため理解を得ることが困難であると判断したときは、監督職員に報告し、指示を受けるものとする。

解 説

1 本条は、権利者に対する説明の成果を監督職員に報告する等のことが定められている。
2 請負者が説明の現状、権利者ごとの経過を監督職員に報告するにあたっては、前条で作成している説明記録簿を基に報告することになる。なお、この際には権利者に説明を行った者を立ち会わせることが必要である。

資料－1
工損調査標準仕様書(案)

工損調査標準仕様書(案)

第1章　総　則

(趣旨等)

第1条　この仕様書は、○○○○(起業者名)が「公共事業に係る工事の施行に起因する地盤変動により生じた建物等の損害等に係る事務処理要領(昭和61年4月25日中央用地対策連絡協議会理事会決定(以下「事務処理要領」という。)第2条(事前の調査等)第5号建物等の配置及び現況、第4条(損害が生じた建物等の調査)の調査及び第7条(費用の負担)に係る費用負担額の算定並びに費用負担の説明に係る業務(以下「工損調査等」という。)を補償コンサルタント等へ発注する場合の業務内容その他必要とする事項を定めるものとし、もって業務の適正な執行を確保するものとする。

2　業務の発注に当たり、当該業務の実務上この仕様書記載の内容により難いとき又は特に指示しておく必要があるときは、この仕様書とは別に、特記仕様書を定めることができるものとし、適用に当たっては特記仕様書を優先するものとする。

> 公共事業に係る工事の施行に起因する地盤変動により生じた建物等の損害等に係る事務処理要領は、各起業者が定めている規程の名称を使用する。

(用語の定義)

第2条　この仕様書における用語の定義は、次の各号に定めるとおりとする。
　一　「調査区域」とは、工損調査等を行う区域として別途図面等で指示する範囲をいう。
　二　「権利者」とは、調査区域内に存する土地、建物等の所有者及び所有権以外の権利を有する者をいう。
　三　「監督職員」とは、請負者又は受託者(以下「請負者」という。)への指示、これらの者との協議又は請負者からの報告を受ける等の事務を行うもので、○○○○請負契約書(又は○○○○委託契約書)(以下「契約書」という。)第○条により、発注者が請負者に通知した者をいう。
　四　「検査職員」とは、契約書第○条に定める完了検査において検査を実施する者をいう。
　五　「主任担当者」とは、この工損調査等の業務に関し7年以上の実務経験を有する者、又はこの工損調査等に関する補償業務管理士(社団法人日本コンサルタント協会の補償業務管理士研修及び検定試験実施規則第14条に基づく補償業務管理士登録台帳に登録されている者をいう。)等、発注者がこれらの者と同等の知識及び能力を有するものと認めた者で、契約書第○条により、請負者が発注者に届け出た者をいう。
　六　「指示」とは、発注者の発議により監督職員が請負者に対し、工損調査等の遂行に必要

な方針、事項等を示すこと及び検査職員が監査結果を基に請負者に対し、修補等を求めることをいい、原則として、書面により行うものとする。
七　「協議」とは、監督職員と請負者又は主任担当者とが相互の立場で工損調査等の内容又は取り扱い等について合議することをいう。
八　「報告」とは、請負者が工損調査等に係る権利者又は関係者等の情報及び業務の進捗状況等を、必要に応じて、監督職員に報告することをいう。
九　「調査」とは、建物等の現状等を把握するための現地踏査、立入調査又は管轄登記所（調査区域内の土地を管轄する法務局及び地方法務局（支局、出張所を含む。）等での調査をいう。
十　「調査書等の作成」とは、外業調査結果を基に行う各種図面の作成、費用負担額算定のための数量等の算出及び各種調査書の作成をいう。
　　（基本的処理方針）
第3条　請負者は、工損調査等を実施する場合において、この仕様書及び事務処理要領等に適合したものとなるよう、公正かつ的確に業務を処理しなければならないものとする。
　　（業務従事者）
第4条　請負者は、主任担当者の管理の下に、工損調査等に従事する者（補助者を除く。）として、その業務に十分な知識と能力を有する者を当てなければならない。

第2章　工損調査等の基本的処理方法

　　（施行上の義務及び心得）
第5条　請負者は、工損調査等の実施に当たって、次の各号に定める事項を遵守しなければならない。
一　自ら行わなければならない関係官公署への届出等の手続きは、迅速に処理しなければならない。
二　工損調査等で知り得た権利者側の事情及び成果品の内容は、他に漏らしてはならない。
三　工損調査等は権利者の財産に関するものであり、損害等の有無の立証及び費用負担額算定の基礎となることを理解し、正確かつ良心的に行わなければならない。また、実施に当たっては、権利者に不信の念を抱かせる言動を慎まなければならない。
四　権利者から要望等があった場合には、十分その意向を把握した上で、速やかに、監督職員に報告し、指示を受けなければならない。
　　（現地踏査）
第6条　請負者は、工損調査等の着手に先立ち、調査区域の現地踏査を行い、地域の状況、土地及び建物等の概況を把握するものとする。
　　（作業計画の策定）
第7条　請負者は、工損調査等を着手するに当たっては、この仕様書及び特記仕様書並びに現地踏査の結果等を基に作業計画を策定するものとする。

2　請負者は、前項の作業計画が確実に実施できる執行体制を整備するものとする。
　（監督職員の指示等）
第8条　請負者は、工損調査等の実施に先立ち、主任担当者を立ち会わせたうえ監督職員から業務の実施について必要な指示を受けるものとする。
2　請負者は、工損調査等の実施に当たりこの仕様書、特記仕様書又は監督職員の指示について疑義があるときは、監督職員と協議するものとする。
　（支給材料等）
第9条　請負者は、工損調査等を実施するに当たり必要な図面その他の資料を支給材料として使用する場合には、発注者から貸与又は交付を受けるものとする。
2　建物登記簿等の閲覧又は謄本等の交付を受ける必要があるときは、別途監督職員と協議するものとする。
3　支給材料の品名及び数量は特記仕様書によるものとし、支給材料の引き渡しは、支給材料引渡通知書（様式第1号）により行うものとする。
4　請負者は、前項の支給材料を受領したときは、支給材料受領書（様式第2号）を監督職員に提出するものとする。
5　請負者は、工損調査等が完了したときは、完了の日から〇日以内に支給材料を返納するとともに支給材料精算書（様式第3号）及び支給材料返納書（様式第4号）を監督職員に提出するものとする。
　（立入り及び立会い）
第10条　請負者は、工損調査等のために権利者が占有する土地、建物に立ち入ろうとするときは、あらかじめ、当該土地、建物等の権利者の同意を得なければならない。
2　請負者は、前項に規定する同意が得られたものにあっては立入りの日及び時間をあらかじめ、監督職員に報告するものとし、同意が得られないものにあってはその理由を付して、速やかに、監督職員に報告し、指示を受けるものとする。
3　請負者は、工損調査等を行うため建物等の立入り調査を行う場合には、権利者の立会いを得なければならない。ただし、立会いを得ることができないときは、あらかじめ、権利者の了解を得ることをもって足りるものとする。
　（身分証明書の携帯）
第11条　請負者は、発注者から工損調査等に従事する者の身分証明書の交付を受け、業務に従事する者に携帯させるものとする。
2　工損調査等に従事する者は、権利者等から請求があったときは、前項により交付を受けた身分証明書を提示しなければならない。
3　請負者は、工損調査等が完了したときは、速やかに、身分証明書を発注者に返納しなければならない。
　（算定資料）
第12条　請負者は、損害等が生じた建物等の費用負担額等の算定に当たっては、発注者が定める費用負担単価に関する基準資料等に基づき行うものとする。ただし、当該基準資料等に記

載のない費用負担単価等については、監督職員と協議のうえ市場調査により求めるものとする。

　（監督職員への進捗状況の報告）

第13条　請負者は、監督職員から工損調査等の進捗状況について調査又は報告を求められたときは、これに応ずるものとする。

2　請負者は、前項の進捗状況の報告に主任担当者を立ち会わせるものとする。

　（成果品の一部提出）

第14条　請負者は、工損調査等の実施期間中であっても、監督職員が成果品の一部の提出を求めたときは、これに応ずるものとする。

2　請負者は、前項で提出した成果品について監督職員が審査を行うときは、主任担当者を立ち会わせるものとする。

　（成果品）

第15条　請負者は、第3章（工損の調査）及び第4章（費用負担の説明）において作成した調査書、積算書又は説明記録簿を成果品として提出するものとする。

2　成果品は、次の各号により作成するものとする。

　一　工損調査等の区分及び内容毎に整理し、編集する。

　二　表紙には、契約件名、年度（又は履行期限の年月）、発注者及び請負者の名称を記載する。

　三　目次及び頁を付す。

　四　容易に取り外すことが可能な方法により編綴する。

3　成果品の提出部数は、正副各一部とする。

4　請負者は、成果品の作成に当たり使用した調査表等の原簿を契約書第○条に定めるかし担保の期間保管し、監督職員が提出を求めたときは、これらを提出するものとする。

　（検査）

第16条　請負者は、検査職員が工損調査等の完了検査を行うときは、主任担当者を立ち会わせるものとする。

2　請負者は、検査のために必要な資料の提出その他の処置について、検査職員の指示に速やかに従うものとする。

第3章　工損の調査

第1節　調　査

　（調査）

第17条　調査は、事務処理要領第2条第5号の建物等の配置及び現況の調査（以下「事前調査」という。）と同第4条の損害等が生じた建物等の調査（以下「事後調査」という。）に区分して行うものとする。

（事前調査における一般的事項）

第18条　事前調査の実施に当たっては、調査区域内に存する建物等につき、建物の所有者ごとに次の各号の調査を行うものとする。
一　建物の敷地ごとに建物等（主たる工作物）の敷地内の位置関係
二　建物ごとに実測による間取り平面及び立面
　　この場合の計測の単位は、用地調査等標準仕様書第２章第２節「数量等の処理」の各規定を準用する。
三　建物等の所在及び地番並びに所有者の氏名及び住所
　　現地調査において所有者の氏名及び住所が確認できないときは、必要に応じて登記簿謄本等の閲覧等の方法により調査を行う。
四　その他調査書の作成に必要な事項

（事前調査における損傷調査）

第19条　請負者は、前条の一般的事項の調査が完了したときは、当該建物等の既存の損傷箇所の調査を行うものとし、当該調査は、原則として、次の部位別に行うものとする。
一　基礎
二　軸部
三　開口部
四　床
五　天井
六　内壁
七　外壁
八　屋根
九　水回り
十　外構

2　建物の全体又は一部に傾斜又は沈下が発生しているときは、次の調査を行うものとする。
一　傾斜又は沈下の状況を把握するため、原則として、当該建物の四方向を水準測量又は傾斜計等で計測する。この場合において、事後調査の基準点とするため、沈下等のおそれのない堅固な物件を定め併せて計測を行う。
二　コンクリート布基礎等に亀裂等が生じているときは、建物の外周について、発生箇所及び状況（最大幅、長さ）を計測する。
三　基礎のモルタル塗り部分に剥離又は浮き上りが生じているときは、発生箇所及び状況（大きさ）を計測する。
四　計測の単位は、幅についてはミリメートル、長さについてはセンチメートルとする。

3　軸部（柱及び敷居）に傾斜が発生しているときは、次の調査を行うものとする。
一　原則として、当該建物の工事箇所に最も接近する壁面の両端の柱及び建物中央部の柱を全体で３箇所程度を計測する。
二　柱の傾斜の計測位置は、直交する二方向の床（敷居）から１メートルの高さの点とする。

三　敷居の傾斜の計測位置は、柱から1メートル離れた点とする。
　四　計測の単位は、ミリメートルとする。
4　開口部（建具等）に建付不良が発生しているときは、次の調査を行うものとする。
　一　原則として、当該建物で建付不良となっている数量調査を行った後、主たる居室のうちから一室につき1箇所程度とし、全体で5箇所程度を計測する。
　二　測定箇所は、柱又は窓枠と建具との隙間との最大値の点とする。
　三　建具の開閉が滑らかに行えないもの、又は開閉不能及び施錠不良が生じているものは、その程度と数量を調査する。
　四　計測の単位は、ミリメートルとする。
5　床に傾斜等が発生しているときは、次の調査を行うものとする。
　一　えん甲板張り等の居室（畳敷の居室を除く。）について、気泡水準器で直交する二方向の傾斜を計測する。
　二　床仕上げ材に亀裂及び縁切れ又は剥離、破損が生じているときは、それらの箇所及び状況（最大幅、長さ又は大きさ）を計測する。
　三　束又は大引、根太等床材に緩みが生じているときは、その程度を調査する。
　四　計測の単位は、幅についてはミリメートル、長さ及び大きさについてはセンチメートルとする。
6　天井に亀裂、縁切れ、雨漏等のシミが発生しているときの調査は、内壁の調査に準じて行うものとする。
7　内壁にちり切れ（柱及び内法材と壁との分離）が発生しているときは、次の調査を行うものとする。
　一　居室ごとに発生個所数の調査を行った後、主たる居室のうちから一室につき1箇所、全体で6箇所程度を計測する。
　二　計測の単位は、幅についてはミリメートルとする。
8　内壁に亀裂が発生しているときは、次の調査を行うものとする。
　一　原則として、すべての亀裂の計測をする。
　二　計測の単位は、幅についてはミリメートル、長さについてはセンチメートルとする。
　三　亀裂が一壁面に多数発生している場合にはその状態をスケッチするとともに、壁面に雨漏等のシミが生じているときは、その形状、大きさの調査をする。
9　外壁に亀裂等が発生しているときは、次の調査を行うものとする。
　一　四方向の立面に生じている亀裂等の数量、形状等をスケッチするとともに、一方向の最大の亀裂から2箇所程度を計測する。
　二　計測の単位は、幅についてはミリメートルとし、長さについてはセンチメートルとする。
10　屋根（庇、雨樋を含む。）に亀裂又は破損等が発生しているときは、当該建物の屋根伏図を作成し、次の調査を行うものとする。
　一　仕上げ材ごとに、その損傷の程度を計測する。
　二　計測の単位は、原則として、センチメートルとする。ただし、亀裂等の幅についてはミ

リメートルとする。
11 水廻り（浴槽、台所、洗面所等）に亀裂、破損、漏水等が発生しているときは、次の調査を行うものとする。
　一 浴槽、台所、洗面所等の床、腰、壁面のタイル張りに亀裂、剥離、目地切れ等が生じているときは、すべての損傷を第8項に準じて行う。
　二 給水、排水等の配管に緩み、漏水等が生じているときは、その状況等を調査する。
12 外構（テラス、コンクリート叩、ベランダ、犬走り、池、浄化槽、門柱、塀、擁壁等の屋外工作物）に損傷が発生しているときは、前11項に準じて、その状況等の調査を行うものとする。この場合において、必要に応じ、当該工作物の平面図、立面図等を作成し、損傷箇所、状況等を記載する。
　（写真撮影）
第20条　前条に掲げる建物等の各部位の調査に当たっては、計測箇所を次の各号により写真撮影するものとする。この場合において、写真撮影が困難な箇所又はスケッチによることが適当と認められる箇所については、スケッチによることができるものとする。
　一 カラーフィルムを使用する。
　二 撮影対象箇所を指示棒等により指示し、次の事項を明示した黒板等と同時に撮影する。
　　(1) 調査番号、建物番号及び建物所有者の氏名
　　(2) 損傷名及び損傷の程度（計測）
　　(3) 撮影年月日、撮影番号及び撮影対象箇所
　（事後調査における損傷調査）
第21条　請負者は、事前調査を行った損傷箇所等の変化及び工事によって新たに発生した損傷について、その状態及び程度を前3条の定めるところにより調査を行うものとする。
2　事前調査の調査対象外であって、事後調査の対象となったものについては、第18条事前調査における一般的事項に準じた調査を行ったうえで損傷箇所の調査を行うものとする。

第2節　調査書等の作成

　（事前調査書等の作成）
第22条　請負者は、事前調査を行ったときは、次の各号の事前調査書及び図面を作成するものとする。
　一 調査区域位置図
　二 調査区域平面図
　三 建物等調査一覧表（様式第5号）
　四 建物等調査書（平面図・立面図等）（様式第6号）
　五 損傷調査書（様式第7号）
　六 写真集（様式第8号）
　（事前調査書及び図面）
第23条　請負者は、前条の事前調査書及び図面を次の各号により作成するものとする。

一　調査区域位置図は、工事の工区単位ごとに作成するものとし、調査区域と工事箇所を併せて表示する。この場合の縮尺は、5,000分の1又は10,000分の1程度とする。

二　調査区域平面図は、調査区域内の建物の配置を示す平面図で工事の工区単位又は調査単位ごとに次により作成する。

　(1)　調査を実施した建物については、建物等調査一覧表で付した調査番号及び建物番号を記載し、建物の構造別に色分けし、建物の外枠（外壁）を着色する。この場合の構造別色分けは、木造を赤色、非木造を緑色とする。

　(2)　縮尺は、500分の1又は1,000分の1程度とする。

三　建物等調査一覧表は、工事の工区単位又は調査単位ごとに調査を実施した建物等について調査番号、建物番号（同一所有者が2棟以上の建物等を所有している場合）の順に建物等の所在及び地番、所有者並びに建物等の概要等必要な事項を記入する。

四　建物等調査図（平面図・立面図等）は、第18条及び第19条の事前調査の結果を基に建物等ごとに次により作成するものとする。

　(1)　建物平面図は、縮尺100分の1で作成し、写真撮影を行った位置を表示するとともに建物延べ面積、各階別面積及びこれらの計算式を記入する。

　(2)　建物立面図は、縮尺100分の1により、原則として、四面（東西南北）作成し、外壁の亀裂等の損傷位置を記入する。

　(3)　その他調査図（基礎伏図、屋根伏図及び展開図）は、発生している損傷を表示する必要がある場合に作成し、縮尺は100分の1又は10分の1程度とする。この場合において写真撮影が困難であり、又は詳細（スケッチ）図を作成することが適当であると認めたものについては、スケッチによる調査図を作成する。

　(4)　工作物の調査図は、損傷の状況及び程度により建物に準じて作成する。

五　損傷調査書は、第18条及び第19条の事前調査の結果に基づき、建物ごとに建物等の所有者名、建物の概要、名称（室名）、損傷の状況を記載して作成し、損傷の状況については、事前調査欄に損傷名（亀裂、沈下、傾斜等）及び程度（幅、長さ及び箇所数）を記載する。

六　写真は、撮影したものをカラーサービス判で焼付し、様式第4号に所定の記載を行ったうえでファイルする。

（事後調査書等の作成）

第24条　請負者は、事後調査を行ったときは、事前調査書及び図面を基に建物等の概要、損傷箇所の変化及び工事によって新たに発生した損傷について、第22条各号の調査書及び図面を作成するものとする。

第3節　算定

（費用負担の要否の検討）

第25条　費用負担の要否の検討は、発注者が事前調査及び事後調査の結果を比較検討する等をして、損傷箇所の変化又は損傷の発生が公共事業に係る工事の施工によるものと認めたものについて、事務処理要領第6条（費用負担の要件）に適合するかの検討を行うものとする。

2　前項の検討結果については、すみやかに監督職員に報告するものとする。
　（費用負担額の算定）
第26条　請負者は、費用負担額の算定を指示された場合は、事務処理要領第7条（費用の負担）及び同付録の規定に従って当該建物等の所有者に係る費用負担額の算定を行うものとする。

第4章　費用負担の説明

　（費用負担の説明）
第27条　費用負担の説明とは、公共事業に係る工事の施行に起因する地盤変動により生じた建物等の損害等に係る費用負担額の算定内容等（以下「費用負担の内容等」という。）の説明を行うことをいう。
　（概況ヒアリング）
第28条　請負者は、費用負担の説明の実施に先き立ち、監督職員から当該工事の内容、被害発生の時期、費用負担の対象となる建物等の概要、損傷の状況、費用負担の内容、各権利者の実情及びその他必要となる事項について説明を受けるものとする。
　（現地踏査等）
第29条　請負者は、費用負担の説明の対象となる区域について現地踏査を行い、現地の状況及び説明対象とされた建物等を把握するものとする。
2　請負者は、現地踏査後に費用負担の説明の対象となる権利者等と面接し、費用負担の説明を行うことについての協力を依頼するものとする。
　（説明資料の作成等）
第30条　権利者に対する説明を行うに当たっては、あらかじめ、前2条の結果を踏まえ、次の各号に掲げる業務を行うものとし、これらの業務が完了したときは、その内容等について監督職員と協議するものとする。
　一　説明対象建物及び権利者ごとの処理方針の検討
　二　権利者ごとの費用負担の内容等の確認
　三　権利者に対する説明用資料を作成
　（権利者に対する説明）
第31条　権利者に対する説明は、次の各号により行うものとする。
　一　2名以上の者を一組として権利者と面接すること。
　二　権利者と面接するときは、事前に連絡を取り、日時、場所その他必要な事項について了解を得ておくこと。
2　権利者に対しては、前条において作成した説明用資料を基に費用負担の内容等の理解が得られるよう十分な説明を行うものとする。
　（記録簿の作成）
第32条　請負者は、権利者と面接し説明を行ったとき等は、その都度、説明の内容及び権利者の主張又は質疑の内容等を説明記録簿（様式第9号）に記載するものとする。

（説明後の措置）

第33条　請負者は、費用負担の説明の現状及び権利者ごとの経過等を、必要に応じて、監督職員に報告するものとする。

2　請負者は、当該権利者に係わる費用負担の内容等のすべてについて権利者の理解が得られたと判断したときは、速やかに、監督職員にその旨を報告するものとする。

3　請負者は、権利者が説明を受け付けない若しくは費用負担の内容等又はその他事項で意見の相違等があるため理解を得ることが困難であると判断したときは、監督職員に報告し、指示を受けるものとする。

様式第1号

支給材料引渡通知書

年　月　日

請負者　住　所
　　　　氏　名　　　　　　　殿

（監督職員氏名）

下記のとおり支給材料を引渡します。

業　務　名		契約年月日	年　月　日
品　目	規　格	単位	数　量	備　考

※品目・規格・単位・数量・備考の欄が複数行

注1　支給材料の交付又は貸与の区分を備考欄に記入する。
　2　用紙の大きさは、日本工業規格A列4判縦とする。

様式第2号

支 給 材 料 受 領 書

年　月　日

（監督職員氏名）　殿

請負者　住　所
　　　　氏　名

　下記のとおり支給材料を受領しました。

業　務　名			契約年月日	年　月　日
品　目	規　格	単位	数量	備　考

注1　支給材料の交付又は貸与の区分を備考欄に記入する。
　2　用紙の大きさは、日本工業規格A列4判縦とする。

様式第3号

支　給　材　料　精　算　書

年　　月　　日

（監督職員氏名）　殿

請負者　住　所
　　　　氏　名

　下記のとおり支給材料を精算します。

業　務　名						契約年月日	年　　月　　日
品　目	規　格	単位	数　　量			備　　考	
^	^	^	支給数量	使用数量	残数量	^	

　注　用紙の大きさは、日本工業規格A列4判縦とする。

様式第4号

支給材料返納書

年　月　日

（監督職員氏名）　殿

請負者　住　所
　　　　氏　名

下記のとおり支給材料を返納します。

業　務　名			契約年月日	年　月　日
品　　目	規　　格	単位	数　量	備　　考

注１　支給材料の交付又は貸与の区分を備考欄に記入する。
　２　用紙の大きさは、日本工業規格Ａ列４判縦とする。

様式第5号

建物等調査一覧表

工区									事前調査		調査年月日	担当者		工事担当者	事後調査		調査年月日	担当者	
工事名		工期							申出年月日	申出に対する調査結果	年月日		応急復旧の有無		損傷の有無	損傷の概要	年月日		費用負担の要否
調査番号	建物等番号	建物等所在地	建物等所有者	建物等の概要	用途	経過年数	延べ面積	損傷の有無	損傷の概要	調査年月日	請負者							請負者	備考

注 用紙の大きさは、日本工業規格A列4判横とする。

様式第6号

建物等調査書（平面図、立面図等）

	事前調査	調査年月日	年　月　日
		請負者	
	事後調査	調査年月日	年　月　日
		請負者	

調査番号		建物番号	
所有者			
建物等の概要調査	工種	事前調査	事後調査
	基礎		
	屋根		
	外壁		
	内壁		
	天井		
	床		
経過年数			
用途			

注　用紙の大きさは、原則として日本工業規格A列3判横とする。

様式第7号

損 傷 調 査 書

調査番号		建物番号		建物等所在地				
所有者住所				氏名		占有者氏名	事前調査	調査年月日 年 月 日
								請負者
							事後調査	調査年月日 年 月 日
								請負者

名称(室名)	各部仕上材	事 前 調 査			事 後 調 査		
		写真番号	損傷の状況	備考	写真番号	損傷の状況	備考

注 用紙の大きさは、日本工業規格A列4判横とする。

資料―1　75

様式第8号

(写真貼付)

撮影番号	撮影対象箇所及び損傷名
⊖	

撮影番号	撮影対象箇所及び損傷名
⊖	

撮影番号	撮影対象箇所及び損傷名
⊖	

注　撮影番号の記入は、事前調査の場合は上段、事後調査の場合は下段とする。

様式第9号

説 明 記 録 簿

説明場所	
説明年月日	年　月　日　時　間　自　　　至
出席者 説明者	
出席者 相手方	
説明内容及び質疑	
特記事項	

注　用紙の大きさは、日本工業規格A列4判縦とする。

資料-2
公共事業に係る工事の施行に起因する
地盤変動により生じた建物等の
損害等に係る事務処理要領

公共事業に係る工事の施行に起因する地盤変動により生じた建物等の損害等に係る事務処理要領の制定について

(昭和61年4月25日　中央用地対策連絡協議会理事会決定)
一部改正　平成15年6月23日中央用地対策連絡協議会理事会決定

　地盤変動により生じた建物等の損害等に係る「公共用地の取得に伴う損失補償基準要綱の施行について(昭和37年6月29日閣議了解)」の第三の運用について、別紙のとおり定めたので、通知する。

(別　紙)
(趣　旨)
第1条　公共事業に係る工事の施行により不可避的に発生した地盤変動により、建物その他の工作物(以下「建物等」という。)に損害等が生じた場合の費用の負担等に関する事務処理については、この要領に定めるところによるものとする。
　(事前の調査等)
第2条　公共事業に係る施設の規模、構造及び工法並びに工事箇所の地盤の状況等から判断して、工事の施行による地盤変動により建物等に損害等が生ずるおそれがあると認められるときは、当該損害等に対する措置を迅速かつ的確に行うため、工事の着手に先立ち、又は工事の施行中に起業地及びその周辺地域において、次の各号に掲げる事項のうち必要と認められるものについて調査を行うものとする。
　一　地形及び地質の状況
　二　地下水の状況
　三　過去の地盤変動の発生の状況及びその原因
　四　地盤変動の原因となるおそれのある他の工事等の有無及びその内容
　五　建物等の配置及び現況
　六　その他必要な事項
　(地盤変動の原因等の調査)
第3条　起業地の周辺地域の建物等の所有者又は使用貸借若しくは賃貸借による権利に基づき建物等を使用する者(以下「使用者」という。)から地盤変動による建物等の損害等(以下単に「地盤変動による損害等」という。)の発生の申出があったときは、地盤変動による建物等の損害等と工事との因果関係について、速やかに調査を行うものとする。
2　前項の調査は、次の各号に掲げる事項のうち必要と認められるものについて行うものとする。
　一　工事着手時の地形及び地下水位と地盤変動による損害等の発生時の地形及び地下水位との比較

二　工事着手前、工事中又は工事完了後における地形及び地下水位の変化

三　工事の工程と地盤変動による損害等の発生の時間的関連性

四　工事による湧水の発生時期及びその量

五　工事箇所と地盤変動による損害等の発生地点との平面的及び立体的な位置関係

六　地盤変動の原因と見込まれる他の工事等の影響の有無及びその程度

七　その他必要な事項

　（損害等が生じた建物等の調査）

第4条　前条の調査の結果等から建物等の損害等が公共事業に係る工事の施行に起因する地盤変動により生じたものであると認められるときは、当該損害等が生じた建物等の状況について、速やかに調査を行うものとする。この場合において、地盤変動が継続しているときは、その状況を勘案して継続して調査を行うものとする。

　（応急措置）

第5条　地盤変動が発生したことにより、建物等の所有者に第6条第2項に規定する社会生活上受忍すべき範囲（以下「受忍の範囲」という。）を超える損害等が生じ、又は生ずると見込まれる場合において、前3条の調査の結果等から当該損害等の発生が当該工事による影響と認められ、かつ、緊急に措置を講ずる必要があると認められるときは、合理的かつ妥当な範囲で、応急措置を講ずるものとする。

　（費用負担の要件）

第6条　第3条及び第4条の調査の結果等から公共事業に係る工事の施行により発生したと認められる地盤変動により、建物等の所有者に受忍の範囲を超える損害等が生じた場合においては、当該損害等をてん補するために必要な最小限度の費用を負担することができるものとする。

2　前項に規定する「受忍の範囲を超える損害等」とは、建物等の全部又は一部が損傷し、又は損壊することにより、建物等が通常有する機能を損なわれることをいうものとする。

　（費用の負担）

第7条　前条第1項の規定により負担する費用は、原則として、損害等が生じた建物等を従前の状態に修復し、又は復元すること（以下「原状回復」という。）に要する費用とするものとする。この場合において、原状回復は、建物等の使用目的及び使用状況、損害等の発生箇所及び発生状況並びに建物等の経過年数等を総合的に判断して、技術的及び経済的に合理的かつ妥当な範囲で行うものとする。

2　前項の規定により負担する原状回復に要する費用は、次の各号に掲げる方法のうち技術的及び経済的に合理的と認めるものによる費用とし、付録の式によって算定するものとする。

一　建物等の損傷箇所を補修する方法（建物等に生じた損傷が構造的損傷を伴っていないため、主として壁、床、天井等の仕上げ部を補修することによって原状回復を行う方法）

二　建物等の構造部を矯正する方法（建物等に生じた損傷が構造的損傷を伴っているため、基礎、土台、柱等の構造部を矯正したうえ前号の補修をすることによって原状回復を行う方法）

三　建物等を復元する方法（建物等に生じた損傷が建物等の全体に及び前二号に掲げる方法によっては原状回復することが困難であるため、従前の建物等に照応する建物等を建設することによって原状回復を行う方法）

　　（応急措置に要する費用の負担）
第8条　第5条に規定する場合において、建物等の所有者又は使用者が応急措置を講じたときは、当該措置に要する費用のうち適正に算定した額を負担するものとする。

　　（その他の損害等に対する費用の負担）
第9条　前2条の規定による費用の負担のほか、建物等が著しく損傷したことによって建物等の所有者又は使用者が仮住居の使用、営業の一時休止等を余儀なくされたことによる損害等については、その損害等の程度に応じて「公共用地の取得に伴う損失補償基準（昭和37年10月12日用地対策連絡協議会理事会決定）」に定めるところに準じて算定した額を負担することができるものとする。

　　（費用負担の請求期限）
第10条　費用の負担は、建物等の所有者又は使用者から当該公共事業に係る工事の完了の日から一年を経過する日までに請求があった場合に限り行うことができるものとする。

　　（費用負担の方法）
第11条　費用の負担は、原則として、建物等の所有者又は使用者に各人別に金銭をもって行うものとする。ただし、他の法令の定めがある場合においては、当該法令の定めるところによるものとする。
2　前項の負担は、渡し切りとするものとする。

　　（複合原因の場合の協議）
第12条　地盤変動による損害等が他の工事等の施行に係るものと複合して起因していることが明らかな場合は、当該工事等の施行者と損害等に係る費用の負担の割合等について協議するものとする。

附　則
1　費用の負担について、既に協議を行っているものについては、この要領によらないことができるものとする。
2　公共事業に係る工事の施行により生じた工事振動により建物等に損害等が生じた場合の費用の負担については、当分の間、この要領に準じて処理するものとする。

付　録
1　建物等の損傷箇所を補修する方法
　　　費用負担額＝仮設工事費＋補修工事費＋その他経費
　　イ　仮設工事費は、建物等の補修工事を行うために必要と認められる足場の架設、清掃跡片付け等に要する費用とする。
　　ロ　補修工事費は、建物等の補修工事を行うために必要と認められる亀裂の目地詰め、建具の調整等に要する費用とする。補修の方法と範囲については、別表修復基準を標準とするものとする。

ハ　その他経費は、建物等の損傷箇所の補修に伴い必要となるその他の経費とする。
2　建物等の構造部を矯正する方法
　　費用負担額＝仮設工事費＋矯正工事費＋補修工事費＋その他経費
　　イ　仮設工事費は、建物等の矯正工事及び補修工事を行うために必要と認められる遣形墨出し、足場の架設、清掃跡片付け等に要する費用とする。
　　ロ　矯正工事費は、土台、柱等の構造部又は基礎の傾斜、沈下等の矯正工事に要する費用とする。ただし、土台、柱等の構造部又は基礎に係る従前の損傷が拡大した場合で、従前の状態、拡大の程度等を勘案して必要と認められるときは、適正に定めた額を減額するものとする。
　　ハ　補修工事費は、建物等の補修工事を行うために必要と認められる亀裂の目地詰め、建具の調整等に要する費用とする。補修の方法と範囲については、別表修復基準を標準とするものとする。
　　ニ　その他経費は、建物等の構造部の矯正に伴い必要となるその他の経費とする。
3　建物等を復元する方法
　　費用負担額＝仮設工事費＋解体工事費＋復元工事費＋その他経費
　　イ　仮設工事費は、建物等の解体工事及び復元工事を行うために必要と認められる遣形墨出し、足場の架設、清掃跡片付け等に要する費用とする。
　　ロ　解体工事費は、従前の損壊した建物等の解体、撤去及び廃材処分に要する費用とする。
　　ハ　復元工事費は、従前の建物等に照応する建物等を建設する工事に要する費用とする。
　　ニ　その他経費は、建物等の復元に伴い必要となるその他の経費とする。

別表 　　　　　　　　　　修　復　基　準

損傷の発生箇所	修　復　の　方　法　と　範　囲	
	損傷が新たに発生したもの	従前の損傷が拡大したもの
外壁	発生箇所に係る壁面を従前と同程度の仕上げ材で塗り替え、又は取り替える。ただし、ちり切れにあっては、発生箇所を充てんする。	発生箇所を充てんし、又は従前と同程度の仕上げ材で補修する。ただし、損傷の拡大が著しい場合は、発生箇所に係る壁面を従前と同程度の仕上げ材で塗り替え、又は取り替えることができるものとする。
内壁 天井	発生箇所に係る壁面を従前と同程度の仕上げ材で塗り替え、又は張り替える。ただし、発生箇所が納戸、押入れ等の場合又はちり切れの場合にあっては、発生箇所を充てんする。 経過年数が10年未満の建物及び維持管理の状態がこれと同程度と認められる建物で発生箇所が納戸、押入れ等以外の居室等の場合は、当該居室等のすべての壁面を従前と同程度の仕上げ材で塗り替え、又は張り替えることができるものとする。	発生箇所を充てんし、又は従前と同程度の材料で補修する。ただし、損傷の拡大が著しい場合は、発生箇所に係る壁面を従前と同程度の仕上げ材で塗り替え、又は張り替えることができるものとする。
建具	建付けを調整する。ただし、建付けを調整することが困難な場合にあっては、建具を新設することができるものとする。	建付けを調整する。ただし、建付けを調整することが困難な場合にあっては、建具を新設することができるものとする。
タイル類	目地切れの場合にあっては、発生箇所の目地詰めをし、亀裂又は破損の場合にあっては、発生箇所を従前と同程度の仕上げ材で張り替える。ただし、浴室、台所等の水を使用する箇所で漏水のおそれのある場合は、必要な範囲で張り替えることができるものとする。 玄関回り等で亀裂又は破損が生じた場合は、張り面のすべてを従前と同程度の仕上げ材で張り替えることができるものとする。	発生箇所を充てんする。ただし、発生箇所が浴室、台所等の水を使用する箇所で損傷の拡大により漏水のおそれのある場合は、必要な範囲で張り替えることができるものとする。
コンクリート叩	コンクリート又はモルタルで充てんし、又は不陸整正する。ただし、損傷が著しい場合は、必要な範囲で解体し、新たに打設することができるものとする。	コンクリート又はモルタルで充てんし、又は不陸整正する。ただし、損傷の拡大が著しい場合は、必要最小限の範囲で解体し、新たに打設することができるものとする。
屋根	瓦ずれが生じている場合は、ふき直し、瓦の破損等が生じている場合は、従前と同程度の瓦を補足し、ふき直す。	瓦ずれが生じている場合は、ふき直し、瓦の破損等が生じている場合は、従前と同程度の瓦を補足し、ふき直す。
衛生器具	従前と同程度の器具を新設する。	器具の種類及び損傷の状況を考慮して必要な範囲を補修する。ただし、補修では回復が困難と認められる場合は、従前と同程度の器具を新設することができるものとする。
その他	発生箇所、損傷の状況等を考慮して従前の状態又は機能に回復することを原則として補修する。	発生箇所、損傷の状況等を考慮して従前の状態又は機能に回復することを原則として補修する。

資料－3
公共事業に係る工事の施行に起因する地盤変動により生じた建物等の損害等に係る事務処理要領の運用について

公共事業に係る工事の施行に起因する地盤変動により生じた建物等の損害等に係る事務処理要領の運用について

(昭和61年4月1日　建設省経整発23号)
(建設経済局調整課長から各地方建設用地部長あて通知)

最近改正　平成15年7月11日国土交通省国総国調第50号

　昭和61年4月1日付け建設省経整発第22号をもつて建設事務次官から「公共事業に係る工事の施行に起因する地盤変動により生じた建物等の損害等に係る事務処理要領」(以下「要領」という。)が通達されたところであるが、この要領は、補償額算定の基本的な考え方、修復基準、事前調査の調査事項等を明らかにすることによつて、公共事業に係る工事の施行に起因する地盤変動により生じた建物等の損害等に係る事務処理の円滑化を図るため制定されたものである。

　かかる本要領の制定の趣旨に従い、その運用に当たつては、左記の事項に留意の上、遺憾なきを期されたい。

　なお、公共事業に係る工事の計画及び施行に当たつては、地盤変動による建物等の損害等を発生させないよう一層の配慮を行うよう、念のため申し添える。

記

1　建物等以外の損害等について（第1条関係）

　公共事業に係る工事の施行に起因する地盤変動により生じた土地、立木、立毛、養殖物等建物等以外の損害等については、その定型的な事務処理が困難なことから、この要領の対象とはなつていないところであるが、このような損害等が生じた場合にあつても、この要領の趣旨に沿つてそれぞれの事案ごとに適正かつ迅速な事務処理を図るよう努めること。

2　調査について（第2条及び第3条関係）

(1)　事前の調査等及び地盤変動の原因等の調査については、技術的な知識を要することにかんがみ、必要に応じて、専門機関へ調査業務を請負に付す等の処置を講ずること。

(2)　調査に当たつては、地盤変動の発生の原因に応じて、調査事項及び調査範囲を適宜選定すること。

3　建物等の調査について（第2条及び第4条関係）

　地盤変動が生ずるおそれのある場合にあつては、事前に写真撮影、スケッチ、測定等を行い、建物等の現況について把握しておくとともに、損害等が発生した場合には、これらの写真、スケッチ、測定結果等と照合し、損害等の内容及び程度を正確に把握するように努めること。

4　応急措置について（第5条及び第8条関係）

(1)　応急に措置を講ずる必要があると認められる場合における応急措置とは、具体的には、給排水管の仮設、屋根のシート架け、倒壊防止のための支えの仮設、施錠設備の仮設等をいうものである。

(2)　第8条の規定に基づく費用の負担は、建物等の所有者又は使用者がこれらの応急措置を講じた場合に、当該措置に要した費用のうち適正に算定した額を負担するものであること。
5　その他の損害等に対する費用の負担について（第9条関係）
　(1)　その他の損害等に対する費用の負担は、建物等が著しく損傷した場合に、当該建物等を原状回復するための工事によつて、直接的に必要となる仮住居、営業の一時休止等の損害等が生ずる場合に行うものであること。したがつて、一般的には、営業休止に伴う得意先喪失に係る損失等間接的な収益減等については、費用の負担の対象となつていないこと。
　(2)　建物等の損傷箇所を補修する方法によつて原状回復を行う場合にあつては、第9条の規定に基づく費用の負担は生じないものであること。
6　工事の完了の日について（第10条関係）
　(1)　「公共事業に係る工事の完了の日」とは、当該地盤変動の原因となる公共事業に係る工事の全部が完了した日であること。ただし、1期工事、2期工事等と工事期を区分して事業が計画されている場合又は工区を分けて事業が計画されている場合にあつては、それぞれの工事期又は工区ごとに判断するものとすること。
　(2)　「工事の完了」とは、施設が供用されているか否かにかかわらず、全ての工事が終了したことをいうものであること。
7　その他経費について（付録関係）
　　付録の各式におけるその他経費は、建物等を原状回復させるために必要となるその他の費用であり、工事費のおおむね10％を限度として、損害等の程度に応じて適宜定めるものとすること。
8　従前の損傷の減額について（付録関係）
　　付録2のロに規定する従前の損傷の減額については、構造部又は基礎の従前の損傷の状況を勘案して、適正に定めた額を減ずるものとすること。
9　建物等を復元する方法について（付録関係）
　(1)　建物等を復元する方法によつて費用の負担額を算定する場合の例としては、建物の損壊のほか、門、塀、よう壁等が損壊した場合があること。
　(2)　付録3のハに規定する復元工事費は、従前の建物等と構造、規模、程度等が同等の建物等を建設するために必要となる費用とすることとし、価値増をもたらさないよう配慮すること。
10　工事請負契約との関係について
　　公共事業の工事請負契約の中に現場管理費の内容として、工事施行に伴う物件等の破損の補修費等が計上されており、当該工事が請負期間中である場合は、その計上されている額の範囲までを工事請負者が負担し、計上されている額を超える部分については、起業者が直接費用負担するものとすること。
11　契約書式について
　　要領に基づく費用負担の契約は、別添契約書式を標準として行うものとすること。

別添契約書式

費用負担に関する契約書

￥

　国土交通省が施行する　　　　　　　　工事に起因する地盤変動により建物等について損傷を受けた者　　　　　を甲とし、国を乙として、下記条項により費用負担に関する契約を締結する。

記

　（契約の趣旨）
第1条　乙は、別表第1に掲げる建物等について生じた損傷等に係る費用の負担及び別表第2に掲げる事項に係る費用の負担として、頭書の金額を甲に支払うものとする（甲が負担することになる消費税及び地方消費税相当額を含む。）。

2　甲は、前項に規定する費用の負担については、頭書の金額をもつて全て解決したことを確認し、この契約に基づくもののほか一切要求しないものとする。

　（必要書類の提出）
第2条　甲は、乙が印鑑証明書その他必要な書類の提出を求めたときは、当該書類を遅滞なく乙に提出するものとする。

　（費用の負担額の支払）
第3条　乙は、甲から頭書の金額の支払の請求があつたときは、適法な支払請求書を受理した日から30日以内に当該金額を甲に支払うものとする。

　（契約に関する紛争の解決）
第4条　この契約に関し、関係者から異議の申出があつたときは、甲は、責任をもつて解決するように努めなければならない。

　（契約以外の事項）
第5条　この契約に疑義を生じたとき、又はこの契約に定めのない事項については、甲、乙協議して定めるものとする。

　　この契約締結の証として、契約書2通を作成して、甲乙記名（個人の場合は署名とする。）押印のうえ、それぞれ1通を保有する。

　　　　年　　月　　日

　　　　　　　　　　　　　　　　　　　　　甲　住　所
　　　　　　　　　　　　　　　　　　　　　　　氏　名
　　　　　　　　　　　　　　　　　　　　　乙　住　所
　　　　　　　　　　　　　　　　　　　　　　　分任支出負担行為担当官
　　　　　　　　　　　　　　　　　　　　　　　地方整備局　事務所長

別表第1

建物等の表示

所在及地番	種類	単位	数量	摘要

別表第2

その他の費用の表示

事項	単位	数量	摘要

資料－4
従前の損傷の減額の方法について

昭和61年4月10日
事 務 連 絡

各地方建設局用地部等
　事業損失担当係長　殿

建設経済局調整課
　　調 整 係 長

従前の損傷の減額の方法について

　昭和61年4月1日付け建設省経整発第22号をもって建設事務次官から「公共事業に係る工事の施行に起因する地盤変動により生じた建物等の損害等に係る事務処理要領」が通達されたところであるが、同要領の付録の2（建物等の構造物を矯正する方法）のロの規定に関する従前の損傷の減額の方法については、別記を参考とされるよう連絡します。

別記
1. 減額の方法
　　減額は、従前の損傷が発生している構造部及び基礎を調査し、次式によって求めた額を矯正工事費から差引く方法によるものとする。
　　　式：$A(a \cdot b + c \cdot d)$
　　　　A　原状回復に要する矯正工事費
　　　　a　当該建物等の再調達価額に対する当該構造部の構成費割合
　　　　b　当該構造部全体に占める従前の損傷の発生している部分の割合
　　　　c　当該建物等の再調達価額に対する当該基礎の構成費割合
　　　　d　当該基礎全体に占める従前の損傷の発生している部分の割合
2. 調査の方法
　　前記1.に係る調査は、次による。
　(1) 構造部　損傷している柱本数を全体柱本数で除し、前記式のbの割合を求める。
　　　なお、損傷しているかどうかの判定は、別表1により行う。
　(2) 基　礎　損傷している部分の基礎長を全体の基礎長で除し、前記式のdの割合を求める。
　　　このときの基礎長の測定は、建物の外周部において行う。
　　　なお、損傷しているかどうかの判定は、別表2により行う。
3. 構成費割合
　　前記1の式中における構成費割合は、木造建物にあっては、別に定める場合を除き、次表の値を用いることができる。

表

符号	部位	平家建	2階建
a	軸部	12.5%	15.1%
c	基礎	5.4%	4.5%

別表1

柱 の 損 害 調 査

	柱 の 損 傷 の 認 定
1	柱の傾斜角が0.6°(約1/100ラジアン)以上あるもの
2	柱の移動があるもの
3	柱の沈下があるもの
4	表面に表われた割れが柱の長さの1/3以上あるもの
5	断面積の1/3以上欠損のあるもの
6	折損(ほぞの折損を含む)があるもの

別表2

基 礎 の 損 害 調 査

状況	物理的損傷割合の求め方	損 傷 事 例
ひびわれ	ひびわれ1ケ所当り、外周布基礎長さ1mの損傷と見込む。	
破　断	○布基礎の剪断（割れ）をさし、割れた一方の布基礎の天端が不陸の場合は、その布基礎長さを損傷長さと見込む。 ○破断症状を見せていても布基礎天端が左右同一水平である場合は原則として破断一箇所につき、外周布基礎長さ1mの損傷を見込む。	
沈　下	○不同沈下による布基礎の天端傾斜3°（≒1/20ラジアン）以上におよぶときは基礎は全損とする。 ○基礎の傾斜3°未満であっても沈下症状が進行形の場合は基礎の全損として扱う。 ○基礎の傾斜3°未満の場合でも傾斜部分の基礎は、外周布基礎長さの損傷長さとして見込む。	
移　動	建物の移動の場合は、その基礎部分はすべて損傷とみなし、基礎が移動しない場合であっても天端の水平が保たれていない場合は損傷とみなす。	

資料－5
調査書等の作成事例

【サンプル事例】○○団地建替工事に伴う事前調査及び事後調査（Ａ起業者）
　構造概要：木造２階建日本瓦葺、専用住宅、延べ面積102.45㎡、昭和43年建築

・**事前調査例（１）**
　損傷の状況：内壁亀裂、建付不良、外壁亀裂、土間亀裂等

・**事後調査例（２）**
　損傷の状況：ちり切れ拡大、内壁亀裂発生、建具隙間拡大、土間亀裂拡大等
　補修の方法：内壁一部塗替え、建具矯正、土間解体及び打替え等

【過去事例】
・**事前調査例（３）**
　構造概要：木造２階建日本瓦葺、専用住宅、延べ面積115.09㎡、昭和36年建築
　損傷の状況：内壁亀裂、基礎亀裂

・**事後調査例（４）**
　構造概要：木造２階建カラー鉄板葺、専用住宅、延べ面積46.36㎡、昭和52年建築
　損傷の状況：床隙間発生、外壁亀裂拡大、ブロック塀亀裂拡大

【水準測定調査例】

【サンプル事例】
事前調査例（１）

資料―5　103

建物等調査書（調査区域平面図）

全体配置図

工事箇所

様式第6号			
調査番号	1	建物番号	1
所有者	中尾太郎		
工　種	建物等の概要	事前調査	事後調査
基　礎	布コンクリート		
屋　根	日本瓦		
外　壁	モルタル刷毛引き等		
内　壁	繊維壁等		
天　井	平縁天井等		
床	縁甲板等		
経過年数	30年		
用　途	専用住宅		

調査年月日　平成11年〇〇月〇〇日
調査請負者　㈱〇〇測量コンサルタント
事後調査年月日
事後調査請負者

104

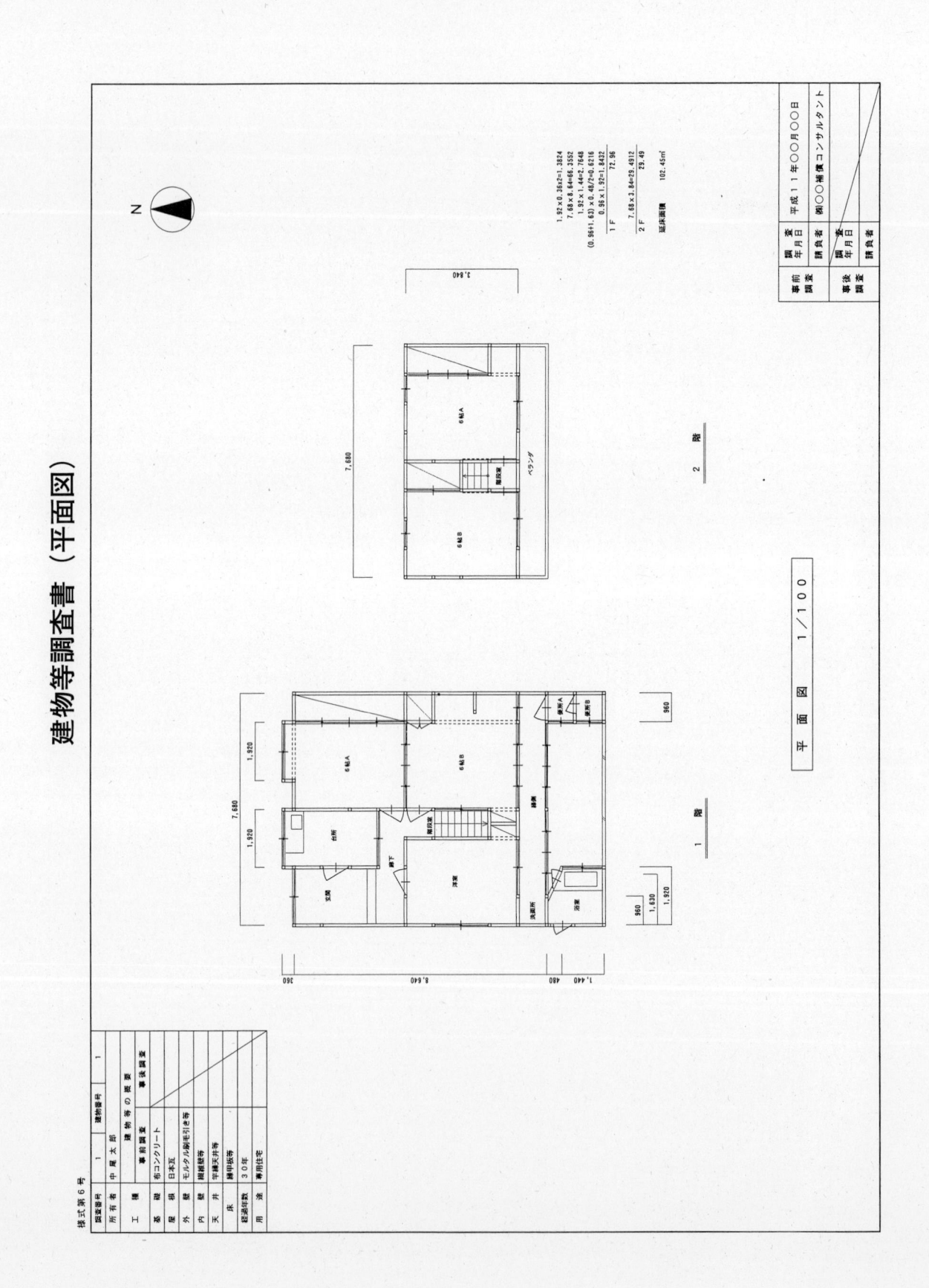

建物等調査書（平面図）

様式第6号		
調査番号	1	建物番号 1
所有者	中尾太郎	
工 種	建物等の概要	事後調査
	事前調査	
基 礎	布コンクリート	
屋 根	日本瓦	
外 壁	モルタル刷毛引き等	
内 壁	繊維壁等	
天 井	平織天井等	
床	縁甲板等	
経過年数	30年	
用 途	専用住宅	

$1.92 \times 0.36 \times 2 = 1.3824$
$7.68 \times 8.64 = 66.3552$
$1.92 \times 1.44 = 2.7648$
$(0.96+1.63) \times 0.48/2 = 0.6216$
$0.96 \times 1.92 = 1.8432$

1 F　72.96
$7.68 \times 3.84 = 29.4912$
2 F　29.49

延床面積　102.45㎡

事前調査	調査年月日 平成11年〇〇月〇〇日
	請負者 ㈱〇〇補償コンサルタント
事後調査	調査年月日
	請負者

平　面　図　1/100

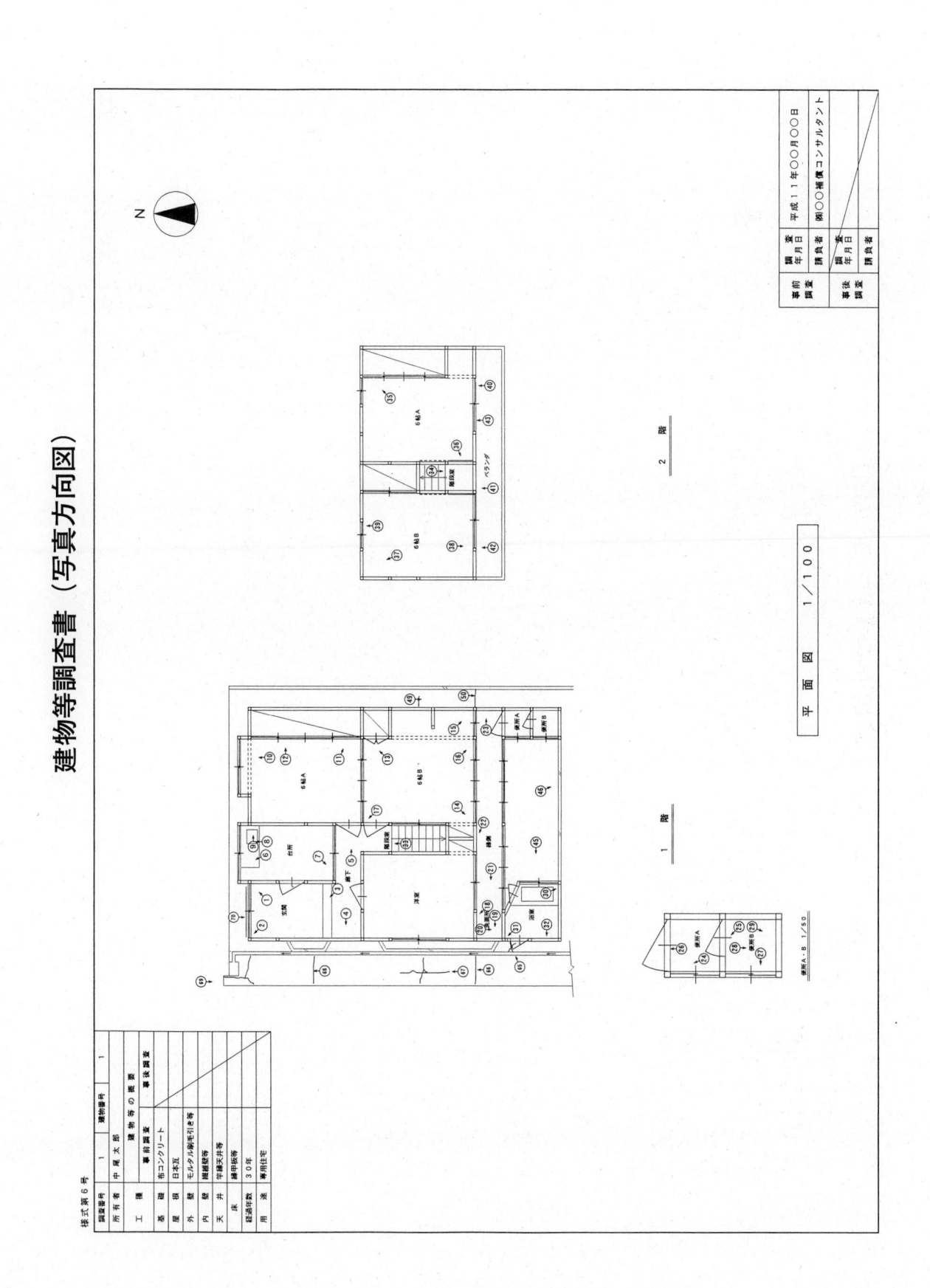

建物等調査書（写真方向図）

様式第6号		
調査番号	1	建物番号 1
所有者	中尾太郎	
工 種		建物等の概要
	事前調査	事後調査
基 礎	布コンクリート	
屋 根	日本瓦	
外 壁	モルタル刷毛引き等	
内 壁	繊維壁等	
天 井	竿縁天井等	
床	畳甲板等	
経過年数	30年	
用 途	専用住宅	

平面図　1/100

1 階

2 階

便所A・B 1/50

事前調査	調査年月日	平成11年〇〇月〇〇日
	請負者	㈱〇〇補償コンサルタント
事後調査	調査年月日	
	請負者	

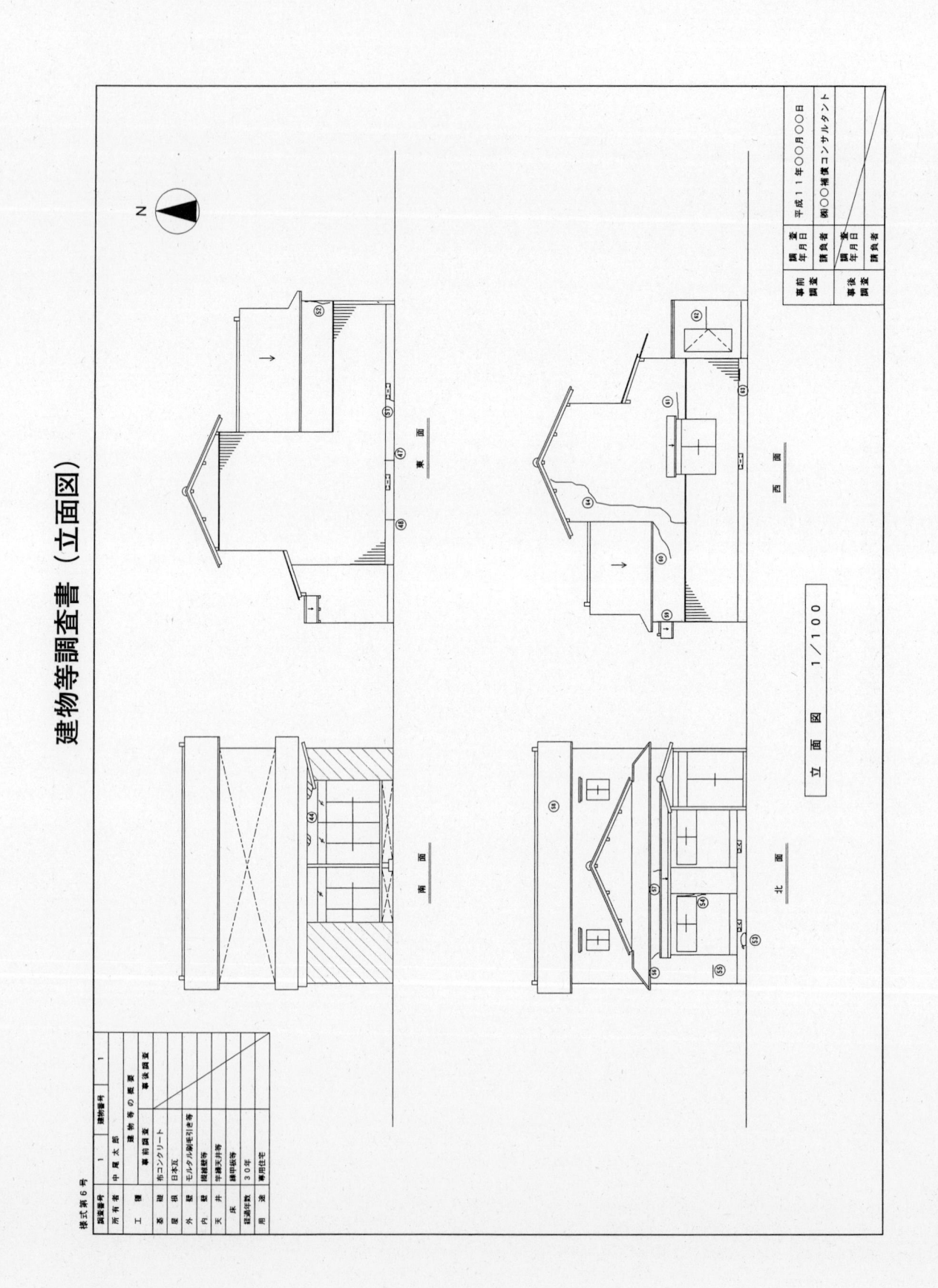

建物等調査書（立面図）

資料―5

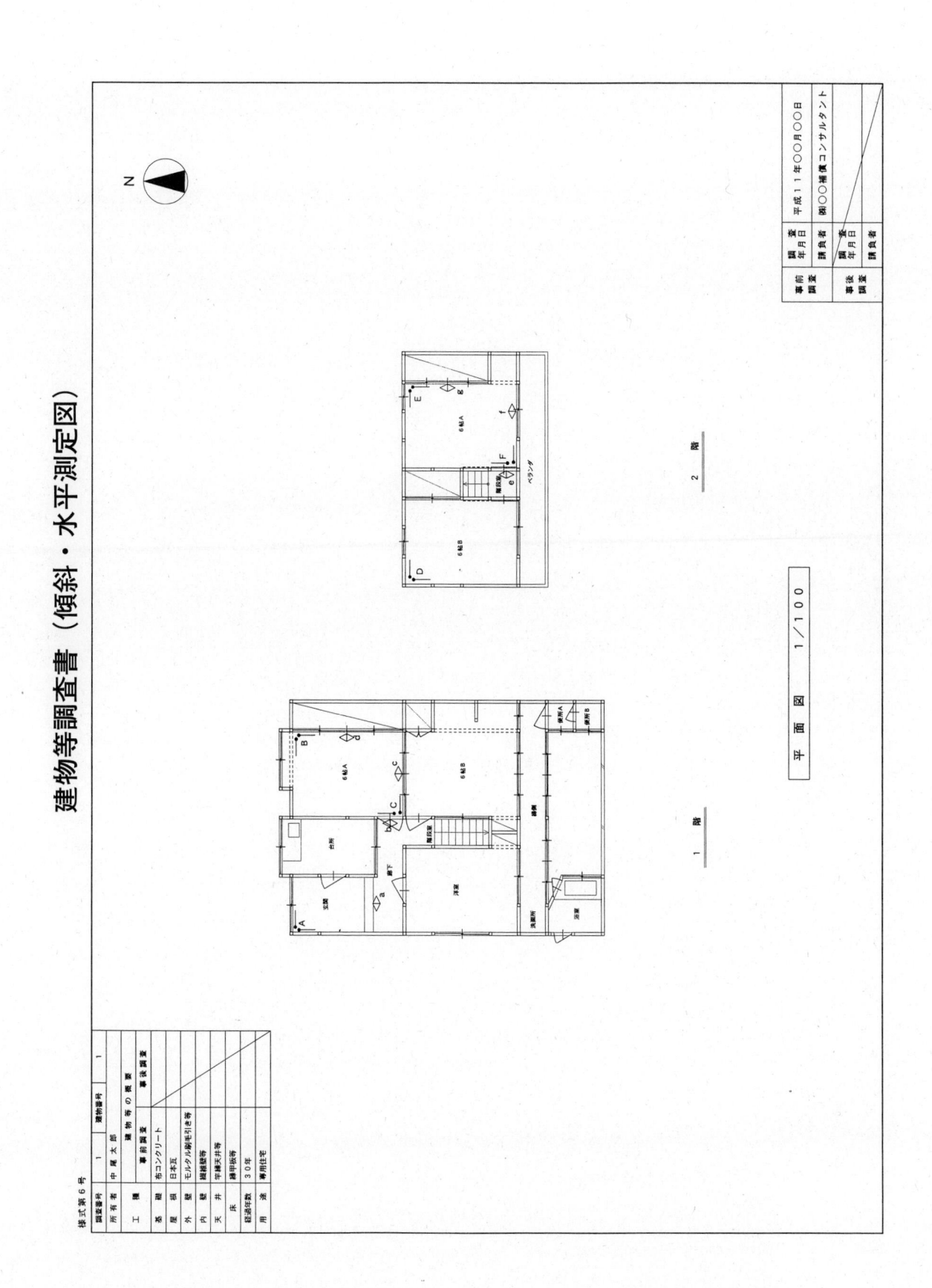

建物等調査書（傾斜・水平測定図）

調査番号		建物番号	1
所有者	中尾太郎		
工種	建物等の概要	事後調査	
	事前調査		
基礎	布コンクリート		
屋根	日本瓦		
外壁	モルタル刷毛引き等		
内壁	繊維壁等		
天井	平織天井等		
床	縁甲板等		
経過年数	30年		
用途	専用住宅		

事前調査年月日	平成11年〇〇月〇〇日
調査請負者	㈱〇〇補償コンサルタント
事後調査年月日	
調査請負者	

平面図　1/100

1 階

2 階

様式第7号

損傷調査書

調査番号	1	建物番号	1	建物等所在地	大阪市東住吉区○○町123番			事前調査	調査年月日	平成11年○月○日
所有者住所	大阪市東住吉区○○町123番3号			氏名	中尾太郎	占有者氏名			請負者	㈱○○補償コンサルタント
								事後調査	調査年月日	
									請負者	

事前調査 / 事後の状況

名称(室名)	各部仕上材	写真番号	損傷の状況	備考	写真番号	損傷の状況	備考
1F 玄関	繊維壁	1	土台隙間 W=8.0				
1F 玄関	縁甲板	2	壁剥落				
1F 玄関	床キシミ	3	床キシミ				
1F 廊下	繊維壁	4	壁ちり切れ W=1.0 L=800				
1F 廊下	繊維壁	5	壁ちり切れ W=1.0 L=300				
1F 台所	繊維壁	6	壁ちり切れ W=0.5 L=全長				
1F 台所	繊維壁	7	壁ちり切れ W=0.5 L=全長				
1F 台所	腰タイル	8	タイル目地剥落 L=300				
1F 台所	腰タイル	9	タイルクラック 2枚				
1F 6帖A	じゅらく	10	壁ちり切れ W=0.5 L=全長				
1F 6帖A	じゅらく	11	壁ちり切れ W=1.0 L=全長				
1F 6帖A	じゅらく	12	壁クラック W=1.0 L=350				
1F 6帖B	じゅらく	13	壁ちり切れ W=0.5 L=全長				
1F 6帖B	じゅらく	14	壁ちり切れ W=0.5 L=全長				
1F 6帖B	じゅらく	15	壁ちり切れ W=0.5 L=200				
1F 6帖B		16	建具隙間 右上 8.0				
1F 6帖B		17	建具隙間 右下 12.0				
1F 洗面所	腰タイル	18	タイル縁切れ W=1.0 L=400				
1F 洗面所	腰タイル	19	タイルクラック 1枚				
1F 洗面所	腰タイル	20	タイル目地剥落 L=450				
1F 縁側	竿縁天井	21	天井シミ跡 300×400程度				
1F 縁側	しっくい	22	壁ちり切れ W=1.0 L=全長				
1F 縁側	しっくい	23	壁ちり切れ W=1.0 L=150				
1F 便所A	しっくい	24	壁剥落				
1F 便所A	腰タイル	25	タイルクラック 3枚				
1F 便所A	床タイル	26	タイルクラック 2枚				
1F 便所B	床タイル	27	タイル縁切れ W=1.0 L=300				

資料—5

名称(室名)	各部仕上材	事前調査 写真番号	事前調査 損傷の状況	備考	事後調査 写真番号	事後調査 損傷の状況	備考
1F 便所B	腰タイル	28	タイル縁切れ W=0.5 L=250				
1F 便所B	しっくい	29	壁剥落				
1F 浴室	腰タイル	30	タイルクラック 3枚				
1F 浴室	腰タイル	31	タイル目地剥落 L=300				
1F 浴室	リシン搔き落とし	32	壁クラック W=1.0 L=350				
1F 階段室	繊維壁	33	壁ちり切れ W=0.5 L=全長				
1F 階段室	繊維壁	34	壁ちり切れ W=0.5 L=全長				
2F 6帖A	繊維壁	35	壁ちり切れ W=0.5 L=全長				
2F 6帖A	繊維壁	36	壁ちり切れ W=1.0 L=全長				
2F 6帖B	繊維壁	37	壁ちり切れ W=1.0 L=全長				
2F 6帖B	繊維壁	38	壁クラック W=1.5 L=250				
2F ベランダ	モルタル刷毛引き	39	壁クラック W=0.1 L=多数				
2F ベランダ	モルタル刷毛引き	40	壁クラック W=0.5 L=400				
2F ベランダ	モルタル刷毛引き	41	壁クラック W=1.0 L=150				
2F ベランダ	モルタル刷毛引き	42	壁クラック W=0.1 L=多数				
南面外壁	モルタル刷毛引き	43	壁剥落				
東面外構	CB塀	44	壁クラック W=0.1 L=多数				
南面外壁	モルタルコテ押え	45	クラック W=3.0 L=900				
東面外構	モルタルコテ押え	46	基礎クラック W=1.0 L=300				
東面外構	モルタルコテ押え	47	基礎クラック W=1.0 L=300				
東面外構	土間コンクリート	48	土間クラック W=0.5 L=350				
東面外構	土間コンクリート	49	土間クラック W=0.5 L=700				
東面外壁	モルタルコテ押え	50	基礎クラック W=1.5 L=150				
北面外壁	モルタルコテ押え	51	基礎剥落 W=1.0 L=900				
北面外壁	モルタル刷毛引き	52	基礎剥落				
北面外壁	モルタル刷毛引き	53	壁クラック W=0.3 L=300				
北面外壁	モルタル刷毛引き	54	壁クラック W=0.1 L=400				
北面外壁	モルタル刷毛引き	55	壁クラック				
北面屋根	日本瓦	56	瓦ズレ 5枚				
西面外壁	モルタル刷毛引き	57	壁クラック W=0.1 L=400				

名称(室名)	各部仕上材	事前調査 写真番号	事前調査 損傷の状況	備考	写真番号	事後調査 損傷の状況	備考
西面外壁	モルタル刷毛引き	60	壁クラック				
西面外壁	モルタル刷毛引き	61	壁クラック W=0.5 L=900				
西面外壁	モルタル刷毛引き	62	壁クラック W=2.0 L=700				
西面外壁	モルタルコテ押え	63	基礎剥落				
西面外壁	モルタル刷毛引き	64	壁クラック				
西面外構	土間コンクリート	65	土間クラック W=0.5 L=多数				
西面外構	土間コンクリート	66	土間クラック W=1.0 L=900				
西面外構	土間コンクリート	67	土間クラック W=2.5 L=1500				
西面外構	土間コンクリート	68	土間クラック W=2.5 L=900				
西面外構	土間コンクリート	69	土間クラック W=1.0				
北面外構	土間コンクリート	70	土間縁切れ W=0.5 L=1800				
1F 玄関	傾斜測定 A	71	東1.0 南北±0.0				
1F 6帖A	傾斜測定 B		東2.0 南北±0.0				
1F 6帖A	傾斜測定 C		東0.5 北1.0				
2F 6帖B	傾斜測定 D		東0.5 北0.5				
2F 6帖A	傾斜測定 E		東西±0.0 南北±0.0				
1F 玄関	水平測定 a	72	東1.0				
1F 廊下	水平測定 b		南1.0				
1F 6帖A	水平測定 c		東0.5				
1F 6帖A	水平測定 d		南1.0				
2F 階段室	水平測定 e		南1.5				
2F 6帖A	水平測定 f		東西±0.0				
2F 6帖A	水平測定 g		南北±0.0				

【サンプル事例】
事後調査例（2）

建物等調査書（調査区域平面図）

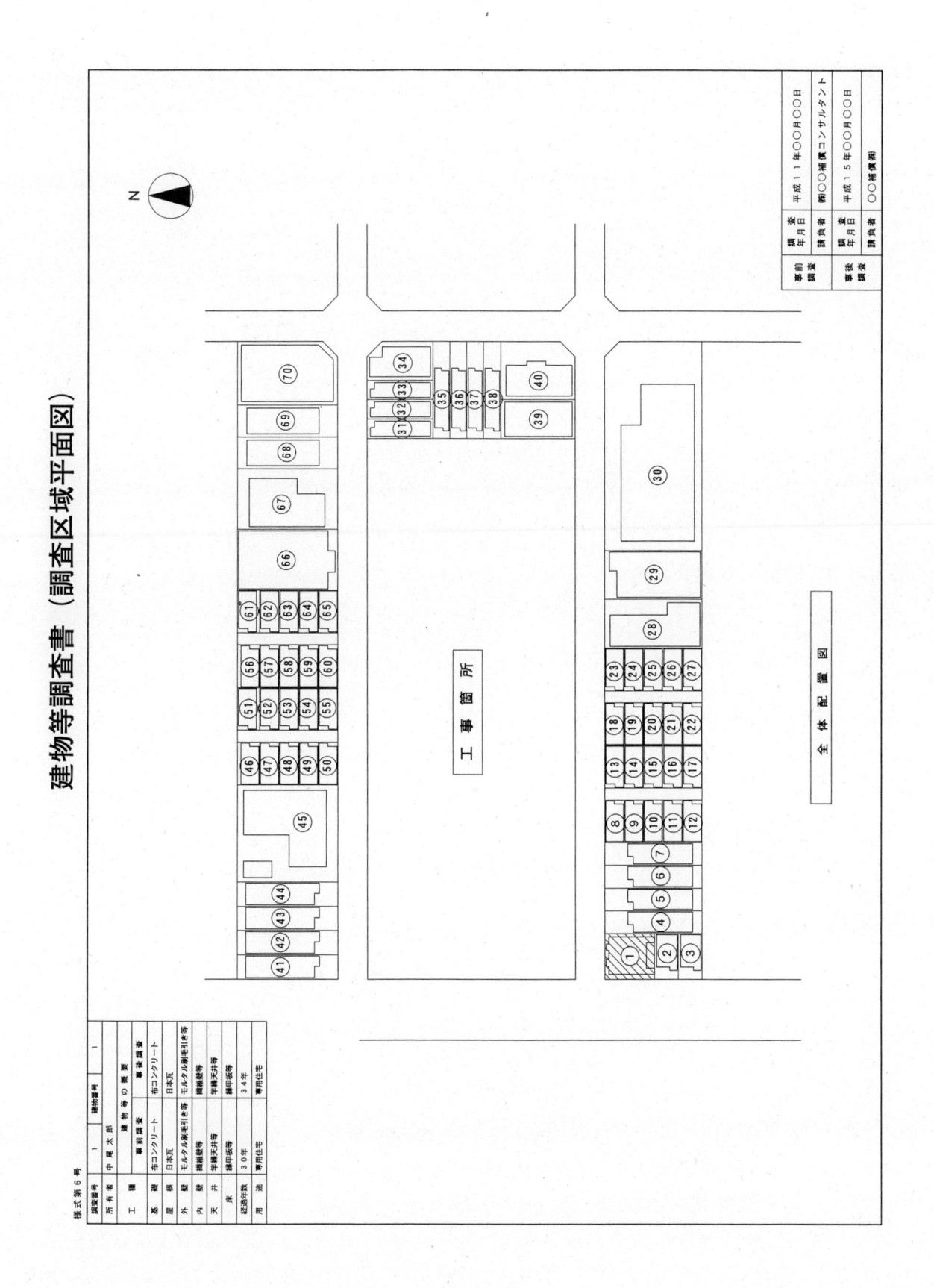

建物等調査書（平面図）

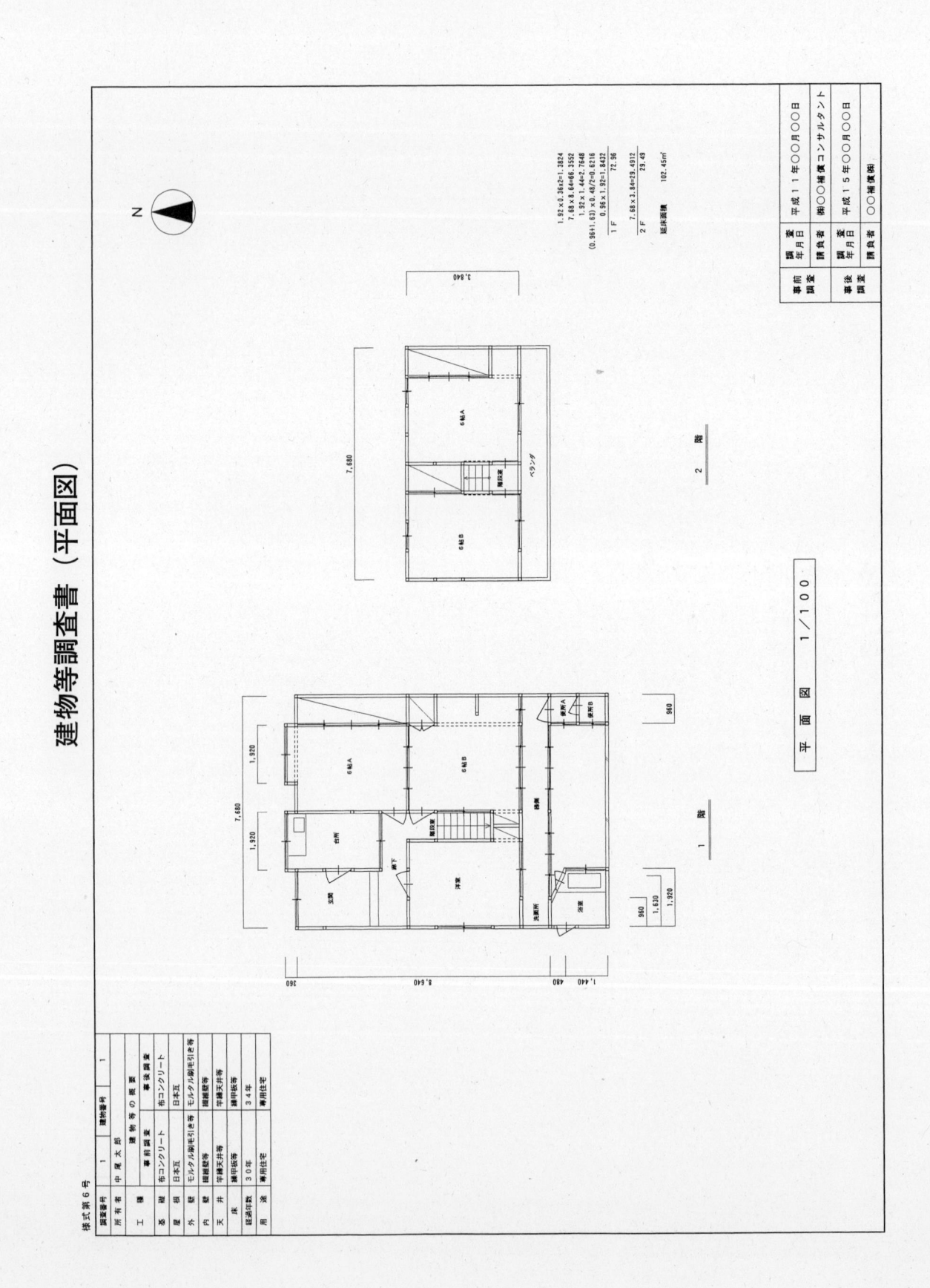

様式第6号			
調査番号	1	建物番号	1
所有者	中尾太郎		
工種	建物等の概要		
	事前調査	事後調査	
基礎	布コンクリート	布コンクリート	
屋根	日本瓦	日本瓦	
外壁	モルタル刷毛引き等	モルタル刷毛引き等	
内壁	繊維壁等	繊維壁等	
天井	平縁天井等	平縁天井等	
床	縁甲板等	縁甲板等	
延坪坪数	34年		
用途	専用住宅		

事前調査	調査年月日	平成11年〇〇月〇〇日
	請負者	㈱〇〇補償コンサルタント
事後調査	調査年月日	平成15年〇〇月〇〇日
	請負者	〇〇補償㈱

$1.92 \times 0.36 \times 2 = 1.3824$
$7.68 \times 8.64 = 66.3552$
$1.92 \times 1.44 = 2.7648$
$(0.96+1.63) \times 0.48/2 = 0.6216$
$0.96 \times 1.92 = 1.8432$
1F　72.96
$7.68 \times 3.84 = 29.4912$
2F　29.49
延床面積　102.45㎡

平 面 図　1/100

建物等調査書（写真方向図）

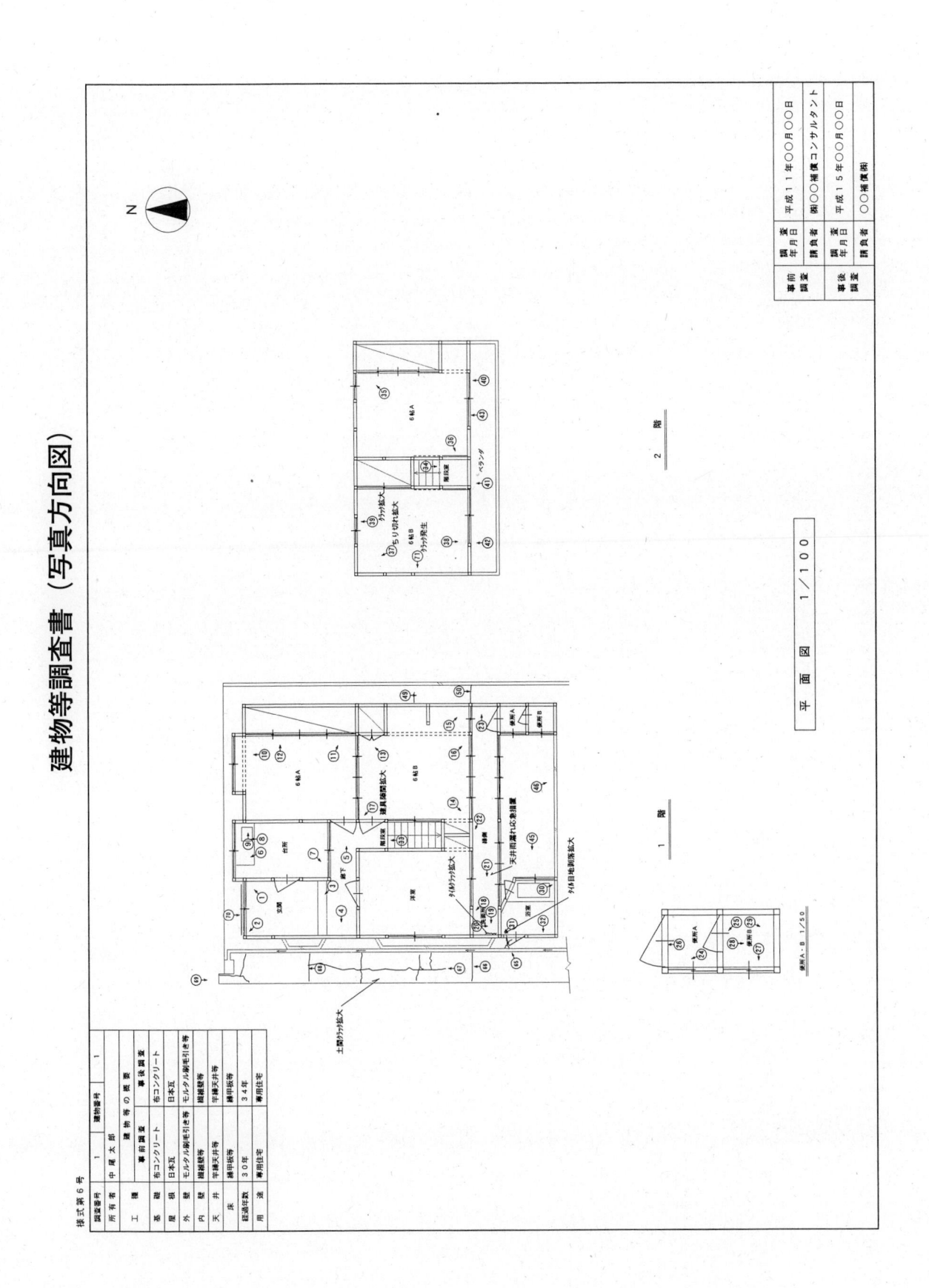

様式第6号

調査番号	1	建物番号	1
所有者	中尾太郎		

建物等の概要

工種	事前調査	事後調査
基礎	布コンクリート	布コンクリート
屋根	日本瓦	
外壁	モルタル刷毛引き等	
内壁	繊維壁等	
天井	竿縁天井等	
床	縁甲板等	
経過年数	34年	
用途	専用住宅	

	調査年月日	請負者
事前調査	平成11年〇〇月〇〇日	㈱〇〇補償コンサルタント
事後調査	平成15年〇〇月〇〇日	〇〇補償太郎

平面図 1/100

2階

1階

便所A・B 1/50

116

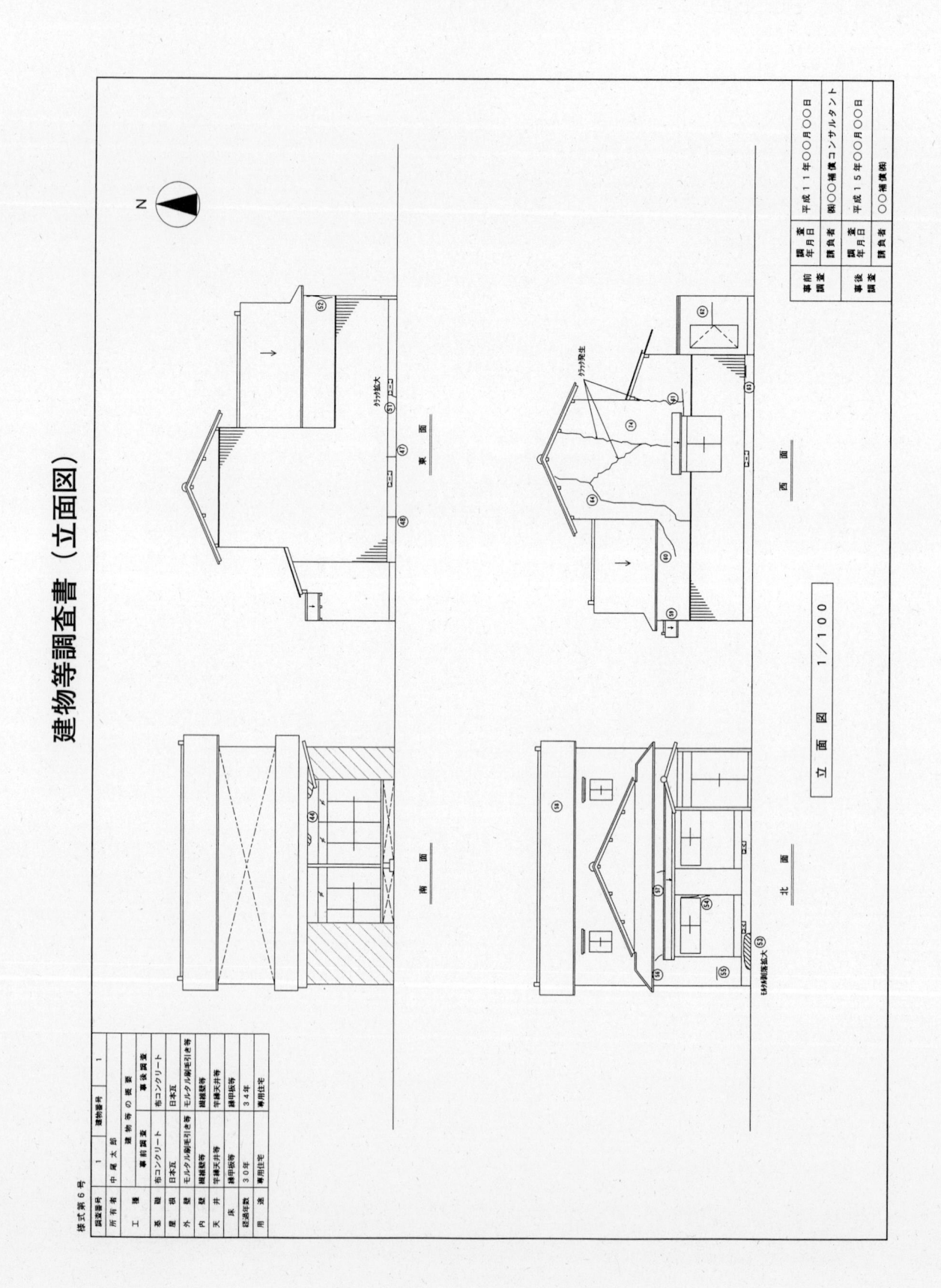

建物等調査書（立面図）

資料−5

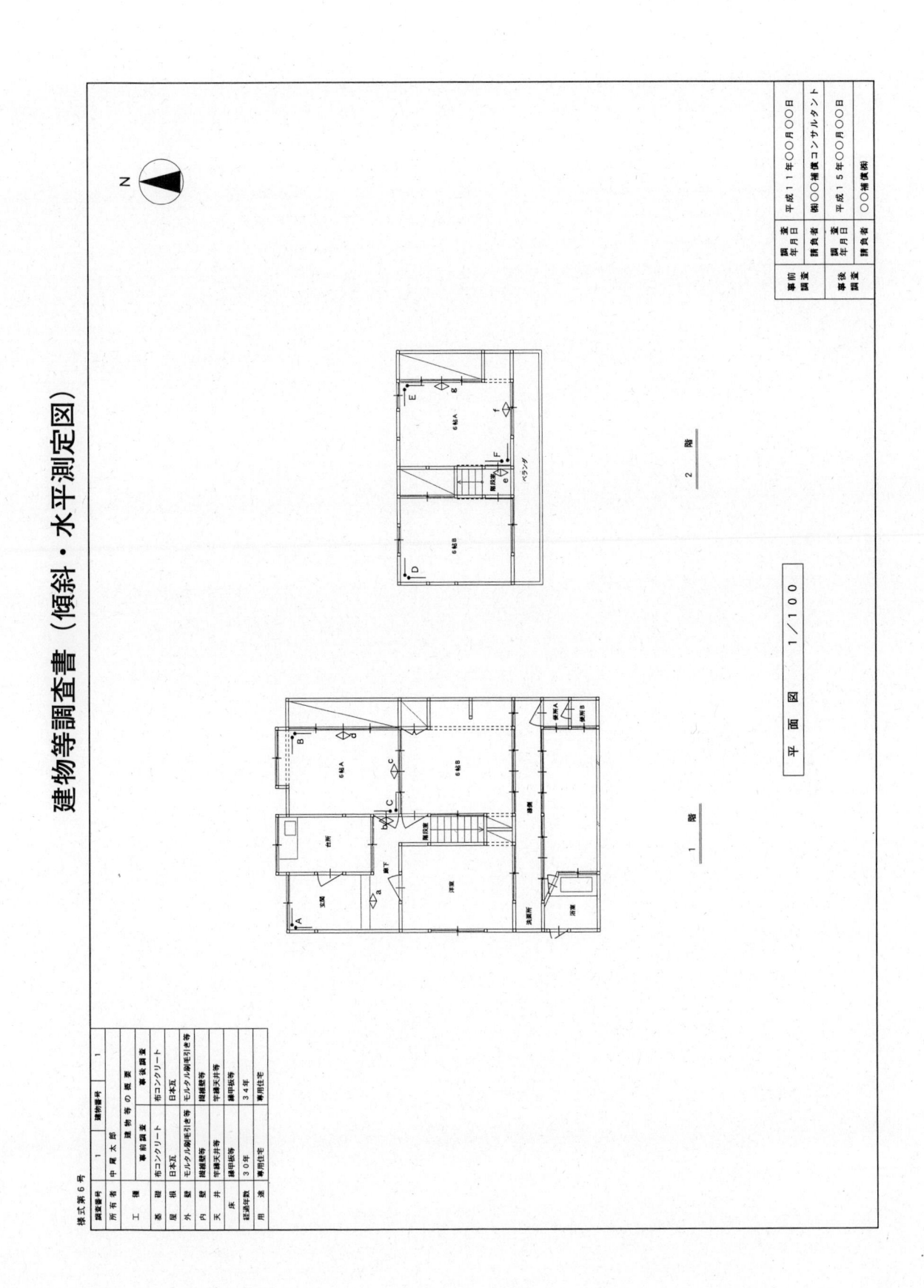

様式第7号

損傷調査書

調査番号	1	建物番号	1	建物等所在地	大阪市東住吉区○○町123番	占有者氏名				事前調査	調査年月日	平成11年○月○日
所有者住所	大阪市東住吉区○○町123番3号			氏名	中尾太郎						請負者	㈱○○補償コンサルタント
										事後調査	調査年月日	平成15年○月○日
											請負者	○○償㈱

名称(室名)	各部仕上材	写真番号	事前調査 損傷の状況	備考	写真番号	事後調査 損傷の状況	備考
1F 玄関	繊維壁	1	土台隙間 W=8.0		1	土台隙間 W=8.0	変化なし
1F 玄関	繊維壁	2	壁剥落		2	壁剥落	変化なし
1F 玄関	縁甲板	3	床キシミ		3	床キシミ	変化なし
1F 廊下	繊維壁	4	壁ちり切れ W=1.0 L=800		4	壁ちり切れ W=1.0 L=800	変化なし
1F 廊下	繊維壁	5	壁ちり切れ W=1.0 L=300		5	壁ちり切れ W=1.0 L=300	変化なし
1F 台所	繊維壁	6	壁ちり切れ W=0.5 L=全長		6	壁ちり切れ W=0.5 L=全長	変化なし
1F 台所	繊維壁	7	壁ちり切れ W=0.5 L=全長		7	壁ちり切れ W=0.5 L=全長	変化なし
1F 台所	腰タイル	8	タイル目地剥落 L=300		8	タイル目地剥落 L=300	変化なし
1F 台所	腰タイル	9	タイルクラック 2枚		9	タイルクラック 2枚	変化なし
1F 6帖A	じゅらく	10	壁ちり切れ W=0.5 L=全長		10	壁ちり切れ W=0.5 L=全長	変化なし
1F 6帖A	じゅらく	11	壁ちり切れ W=1.0 L=全長		11	壁ちり切れ W=1.0 L=全長	変化なし
1F 6帖A	じゅらく	12	壁クラック W=1.0 L=350		12	壁クラック W=1.0 L=350	変化なし
1F 6帖B	じゅらく	13	壁ちり切れ W=0.5 L=全長		13	壁ちり切れ W=0.5 L=全長	変化なし
1F 6帖B	じゅらく	14	壁ちり切れ W=0.5 L=全長		14	壁ちり切れ W=0.5 L=全長	変化なし
1F 6帖B	じゅらく	15	壁ちり切れ W=0.5 L=200		15	壁ちり切れ W=0.5 L=200	変化なし
1F 6帖B		16	建具隙間 右上 8.0		16	建具隙間 右上 15.0	拡大
1F 6帖B		17	建具隙間 右下 12.0		17	建具隙間 右下 12.0	変化なし
1F 洗面所	腰タイル	18	タイル縁切れ W=1.0 L=400		18	タイル縁切れ W=1.0 L=400	変化なし
1F 洗面所	腰タイル	19	タイルクラック 1枚		19	タイルクラック 5枚	拡大
1F 洗面所	腰タイル	20	タイル目地剥落 L=450		20	タイル目地剥落(同仕上材) L=450	変化なし
1F 縁側	竿縁天井	21	天井シミ跡 300×400程度		21	天井張替済	応急措置
1F 縁側	しっくい	22	壁ちり切れ W=1.0 L=全長		22	壁ちり切れ W=1.0 L=全長	変化なし
1F 縁側	しっくい	23	壁クラック W=1.0 L=150		23	壁クラック W=1.0 L=150	変化なし
1F 縁側	しっくい	24	壁剥落		24	壁剥落	変化なし
1F 便所A	腰タイル	25	タイルクラック 3枚		25	タイルクラック 3枚	変化なし
1F 便所A	床タイル	26	タイルクラック 2枚		26	タイルクラック 2枚	変化なし
1F 便所B	床タイル	27	タイル縁切れ W=1.0 L=300		27	タイル縁切れ W=1.0 L=300	変化なし

名　称(室名)	各部仕上材	事前調査 写真番号	事前調査 損傷の状況	備考	事後調査 写真番号	事後調査 損傷の状況	備考
1F 便所B	腰タイル	28	タイル縁切れ　W=0.5　L=250		28	タイル縁切れ　W=0.5　L=250	変化なし
1F 便所B	しっくい	29	壁剥落		29	壁剥落	変化なし
1F 浴室	腰タイル	30	タイルクラック　3枚		30	タイルクラック　3枚	拡大
1F 浴室	腰タイル	31	タイル目地剥落　L=300		31	タイル目地剥落　L=700	変化なし
1F 浴室	リシン搔き落とし	32	壁クラック　W=1.0　L=350		32	壁クラック　W=1.0　L=350	変化なし
1F 階段室	繊維壁	33	壁ちり切れ　W=0.5　L=全長		33	壁ちり切れ　W=0.5　L=全長	変化なし
1F 階段室	繊維壁	34	壁ちり切れ　W=0.5　L=全長		34	壁ちり切れ　W=0.5　L=全長	変化なし
2F 6帖A	繊維壁	35	壁ちり切れ　W=0.5　L=全長		35	壁ちり切れ　W=0.5　L=全長	変化なし
2F 6帖A	繊維壁	36	壁ちり切れ　W=1.0　L=全長		36	壁ちり切れ　W=3.5　L=全長	拡大
2F 6帖B	繊維壁	37	壁ちり切れ　W=1.0　L=全長		37	壁ちり切れ　W=1.0　L=全長	変化なし
2F 6帖B	繊維壁	38	壁クラック　W=1.5　L=250		38	壁クラック　W=3.5　L=400	拡大
2F 6帖B	繊維壁	39			39	壁クラック　W=2.5　L=300	発生
2F ベランダ	モルタル刷毛引き	40	壁クラック　W=0.1　L=多数		40	壁クラック　W=0.1　L=多数	変化なし
2F ベランダ	モルタル刷毛引き	41	壁クラック　W=0.5　L=400		41	壁クラック　W=0.5　L=400	変化なし
2F ベランダ	モルタル刷毛引き	42	壁クラック　W=1.0　L=150		42	壁クラック　W=1.0　L=150	変化なし
2F ベランダ	モルタル刷毛引き	43	壁クラック　W=0.1　L=多数		43	壁クラック　W=0.1　L=多数	変化なし
南面外壁	モルタル刷毛引き	44	壁剥落		44	壁剥落	変化なし
南面外壁	モルタル刷毛引き	45	壁クラック　W=0.1　L=多数		45	壁クラック　W=0.1　L=多数	変化なし
南面外構	CB塀	46	クラック　W=3.0　L=900		46	クラック　W=3.0　L=900	変化なし
東面外壁	モルタルコテ押え	47	基礎クラック　W=1.0　L=300		47	基礎クラック　W=1.0　L=300	変化なし
東面外壁	モルタルコテ押え	48	基礎クラック　W=1.0　L=300		48	基礎クラック　W=1.0　L=300	変化なし
東面外構	土間コンクリート	49	土間クラック　W=0.5　L=350		49	土間クラック　W=0.5　L=350	変化なし
東面外構	土間コンクリート	50	土間クラック　W=0.5　L=700		50	土間クラック　W=0.5　L=700	変化なし
東面外壁	モルタルコテ押え	51	基礎クラック　W=1.5　L=150		51	基礎クラック　W=4.0　L=150	拡大
東面外壁	モルタルコテ押え	52	壁クラック　W=1.0　L=900		52	壁クラック　W=1.0　L=900	変化なし
北面外壁	モルタルコテ押え	53	基礎剥落		53	基礎剥落	拡大
北面外壁	モルタル刷毛引き	54	壁クラック　W=0.3　L=300		54	壁クラック　W=0.3　L=300	変化なし
北面外壁	モルタル刷毛引き	55	壁クラック　W=0.1　L=400		55	壁クラック　W=0.1　L=400	変化なし
北面外壁	モルタル刷毛引き	56	壁クラック		56	壁クラック	変化なし
北面屋根	日本瓦	57	瓦ズレ　5枚		57	瓦ズレ　5枚	変化なし
西面外壁	モルタル刷毛引き	59	壁クラック　W=0.1　L=400		59	壁クラック　W=0.1　L=400	変化なし

名称(室名)	各部仕上材	事前調査 写真番号	事前調査 損傷の状況		備考	事後調査 写真番号	事後調査 損傷の状況		備考
西面外壁	モルタル刷毛引き	60	壁クラック			60	壁クラック		変化なし
西面外壁	モルタル刷毛引き	61	壁クラック	W=0.5 L=900		61	壁クラック	W=0.5 L=900	変化なし
西面外壁	モルタル刷毛引き	62	壁クラック	W=2.0 L=700		62	壁クラック	W=2.0 L=700	変化なし
西面外壁	モルタルコテ押え	63	基礎剥落			63	基礎剥落		変化なし
西面外壁	モルタル刷毛引き	64	壁クラック			64	壁クラック		発生
西面外壁						74	壁クラック		変化なし
西面外構	土間コンクリート	65	土間クラック	W=0.5 L=多数		65	土間クラック	W=0.5 L=多数	
西面外構	土間コンクリート	66	土間クラック	W=1.0 L=900		66	土間クラック	W=3.0 L=900	拡大
西面外構	土間コンクリート	67	土間クラック	W=2.5 L=1500		67	土間クラック	W=3.0 L=4000	拡大
西面外構	土間コンクリート	68	土間クラック	W=2.5 L=900		68	土間クラック	W=3.5 L=900	拡大
西面外構	土間コンクリート	69	土間クラック	W=1.0		69	土間クラック	W=1.0	拡大
北面外構	土間コンクリート	70	土間縁縁切れ	W=0.5 L=1800		70	土間縁切れ	W=0.5 L=1800	変化なし
1F 玄関	傾斜測定A	71	東1.0 南北±0.0			71	東2.0 南1.0		
1F 6帖A	傾斜測定B		東2.0 南北±0.0				東2.0 南北±0.0		
1F 6帖A	傾斜測定C		東0.5 北1.0				東1.0 北1.5		
2F 6帖B	傾斜測定D		東0.5 北0.5				東1.5 北1.0		
2F 6帖A	傾斜測定E		東西±0.0 南北±0.0				東西±0.0 南北±0.0		
1F 玄関	水平測定a	72	東1.0			72	東1.5		
1F 廊下	水平測定b		南1.0				南1.0		
1F 6帖A	水平測定c		東0.5				東1.0		
1F 6帖A	水平測定d		南1.0				南1.0		
2F 階段室	水平測定e		南1.5				南1.5		
2F 6帖A	水平測定f		東西±0.0				東西±0.0		
2F 6帖A	水平測定g		南北±0.0				東南北±0.0		

資料-5　121

補修箇所位置図（その１）

補修箇所位置図（その２）

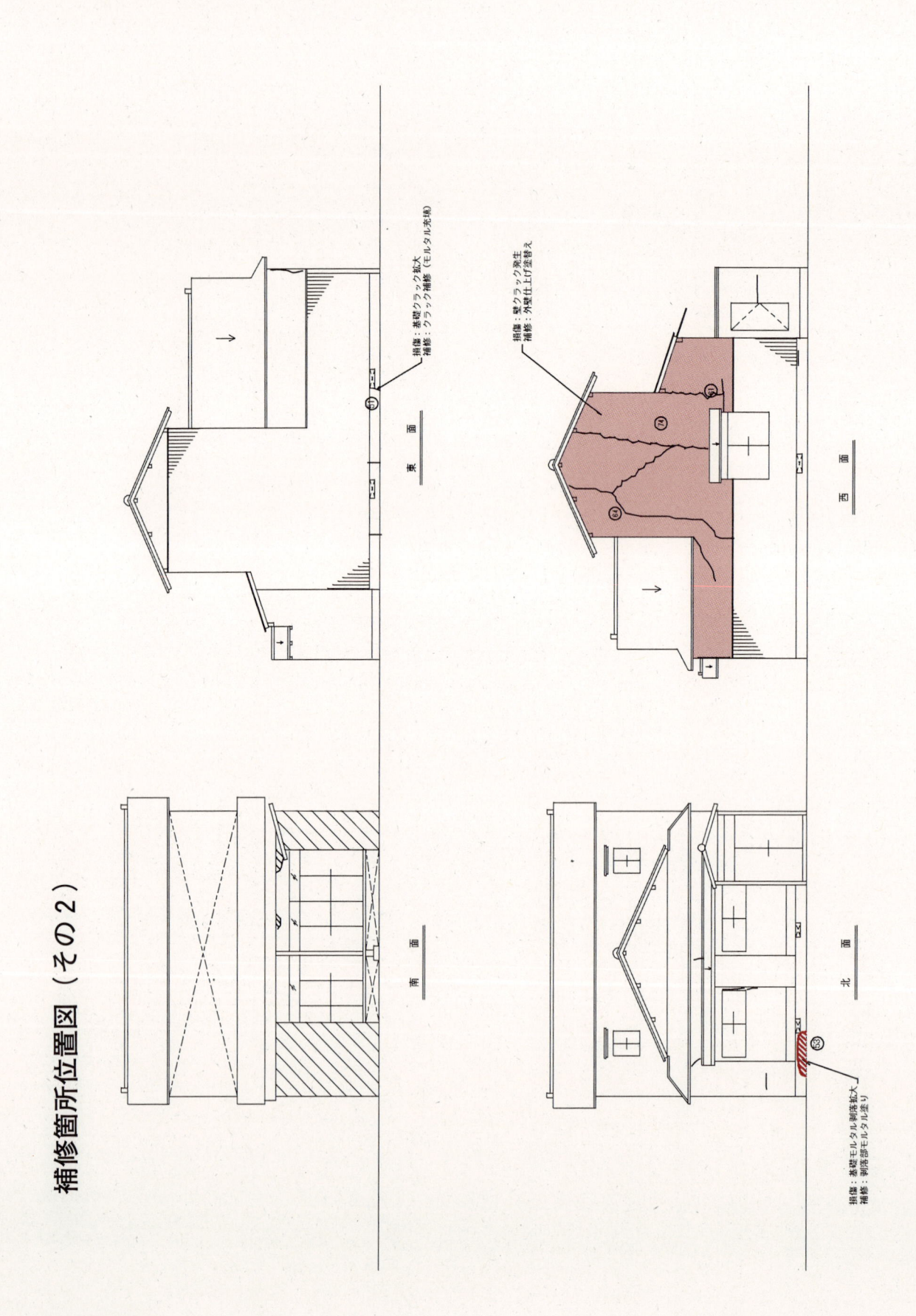

東面

損傷：基礎クラック拡大
補修：クラック補修（モルタル充填）

西面

損傷：壁クラック発生
補修：外壁仕上げ塗替え

南面

北面

損傷：基礎モルタル剥落等拡大
補修：剥落部モルタル塗り

費 用 負 担 額 算 定 書

名　称	形状寸法	単位	数量	単価	金額	備考
1．仮設工事		式	1.00		115,818	
2．基礎工事		式	1.00		415	
3．基礎床工事		式	1.00		49,280	
4．タイル工事		式	1.00		8,029	
5．左官工事		式	1.00		385,722	
6．木工事		式	1.00		36,850	
7．建具工事		式	1.00		4,450	
8．廃材運搬費		式	1.00		5,446	
工事費計					606,010	
諸　経　費		％		0.25	151,500	A起業者の率を採用！
計					757,510	
その他経費		％		0.10	75,700	A起業者の率を採用！
廃材処分費		式	1.00		5,000	
計					80,700	その他経費は、消費税等相当額の対象外。
消費税等相当額		％		0.05	38,100	
費用負担額　合計					876,310	

損傷状況	補修方法
写真番号16：建具隙間拡大	・建具の建付け調整
〃　　　19：タイルクラック拡大	・洗面所西側の腰タイル張替え
〃　　　21：天井張替済（応急措置）	・縁側の天井張替え
〃　　　31：タイル目地剥落拡大	・タイル目地補修
〃　　　37：壁もたり切れ拡大	
〃　　　39：壁クラック拡大	・2F6帖Bの北・西側の壁塗替え
〃　　　73：壁クラック発生	
〃　　　51：基礎クラック拡大	・クラック補修
〃　　　53：基礎モルタル剥落拡大	・剥落部モルタル塗り
〃　　　74：壁クラック拡大	・西外壁のモルタル部塗替え
〃　66～69：土間クラック拡大	・西側土間コンクリートの解体及び打替え

費用負担額内訳書

名称	形状寸法	単位	数量	単価	金額	備考
1. 仮設工事					115,818	
外部単管一本足場	高さ10m未満・期間1ヶ月	架m²	50.00	810	40,500	
外部防災シート張	期間1ヶ月	架m²	50.00	570	28,500	
脚立足場	平面・H=1.8m・期間1ヶ月	床m²	7.37	610	4,495	
脚立足場	直列・H=1.8m・期間1ヶ月	床m	6.72	330	2,217	
養生	木造	延m²	18.23	800	14,584	
整理清掃片付け		延m²	18.23	1,400	25,522	
2. 基礎工事					415	
布基礎亀裂補修	モルタル詰	m	0.15	2,770	415	
3. 基礎床工事					49,280	
土間コンクリート叩き	厚9cm・無筋・こわし共	m²	11.00	4,480	49,280	
4. タイル工事					8,029	
陶器質タイル	施釉・108角・こわし共	m²	0.86	7,700	6,622	
タイル目地切れ補修	コーティング・目地はがし共	m	0.70	2,010	1,407	
5. 左官工事					385,722	
モルタル刷毛引き	木摺・こわし共	m²	23.00	13,400	308,200	
モルタル金ごて	コンクリート下地・こわし共	m²	0.30	5,860	1,758	
繊維壁	仕上のみ・こわし共	m²	16.12	4,700	75,764	
6. 木工事					36,850	
天井・杉板張り	竿縁・こわし共	m²	7.37	5,000	36,850	
7. 建具工事					4,450	
木製建具矯正	片開き戸	ヶ所	1.00	4,450	4,450	
8. 廃材運搬費					5,446	
積込み費	内外装材の解体材	m³	1.40	2,240	3,136	
運搬費	2t車・運搬距離（片道）5km	台	1.00	2,310	2,310	

【過去事例】
事前調査例（3）

建物等調査書（総括表）

調査番号	8				
建物番号		建物所在地	○○市△△町二丁目1285-1	調査年月日	平成13年00月00日
				請負者	㈱○○コンサルタント　印
所有者住所	○○市△△町二丁目12-8	氏名	用地　一郎	調査年月日	平成　年　月　日
				請負者	印
占有者住所	○○市△△町二丁目12-8	氏名	用地　一郎	事前調査立会者	用地　一郎
				事後調査立会者	

建物等の概要

工種	事前調査	事後調査
構造	木造2階建	
基礎	布コンクリート	
屋根	日本瓦	
外壁	羽目板	
内壁	京壁	
天井	竿縁	
床	タタミ	
経過年数	40年	
延べ面積	115.09㎡	
用途	専用住宅	

建物等の程度及び損傷の状況

事前調査	事後調査
内壁亀裂　基礎亀裂	

128

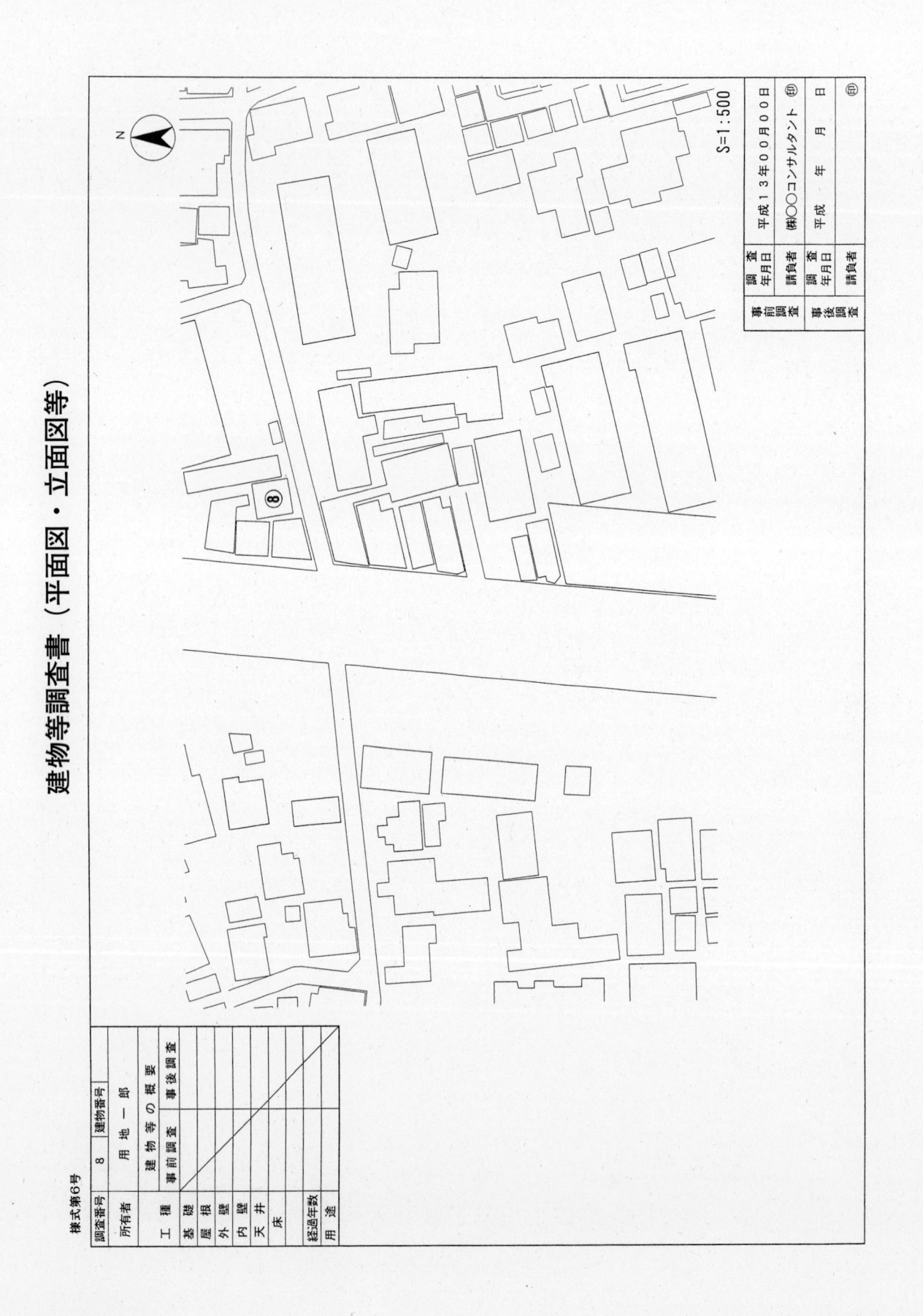

建物等調査書（平面図・立面図等）

様式第6号		
調査番号	8	建物番号
所有者	用地一郎	
工種	建物等の概要調査	
	事前調査	事後調査
基礎		
屋根		
外壁		
内壁		
天井		
床		
経過年数		
用途		

事前調査	調査年月日	平成13年00月00日
	請負者	(株)○○コンサルタント ㊞
事後調査	調査年月日	平成　年　月　日
	請負者	㊞

S=1:500

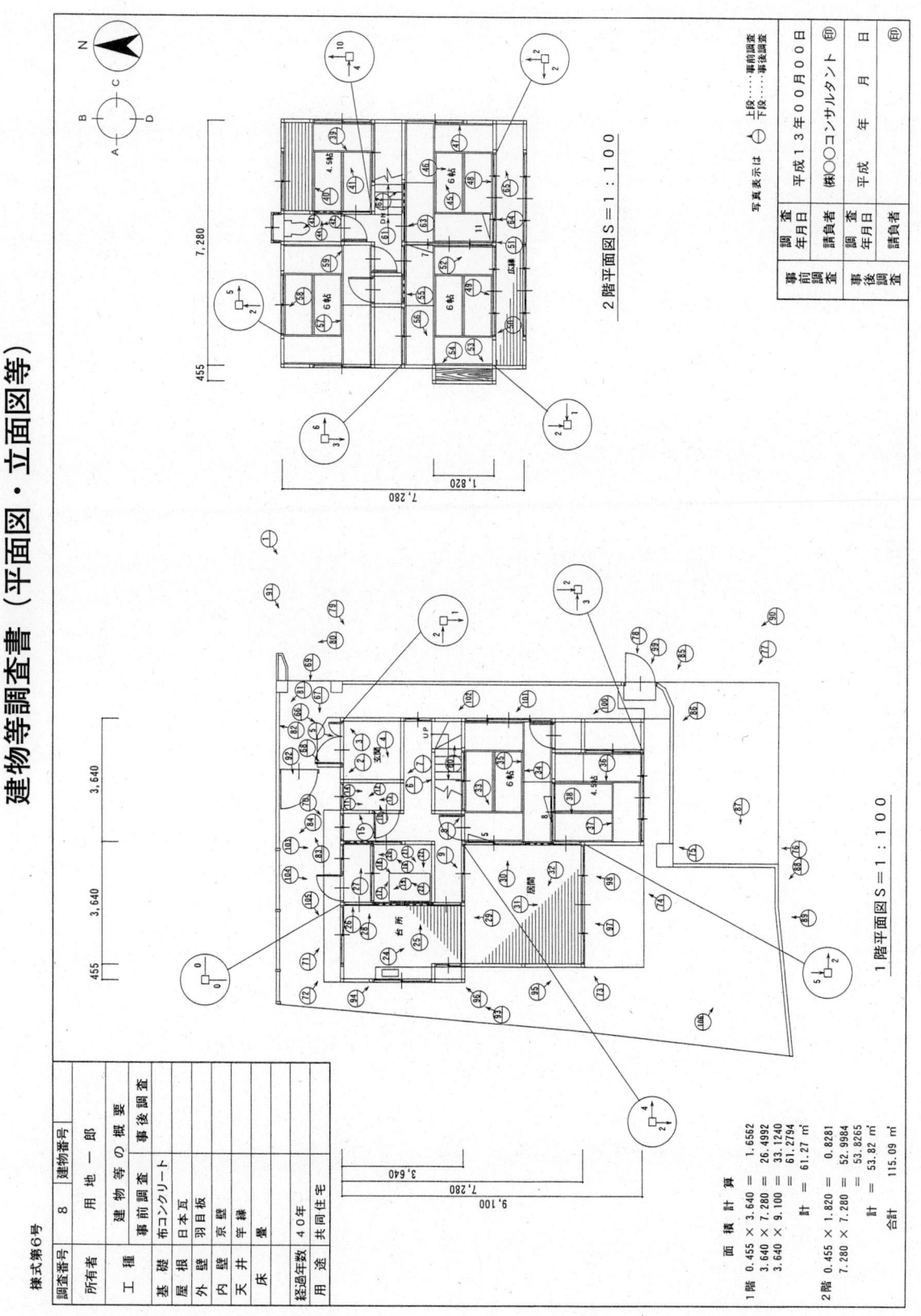

建物等調査書（平面図・立面図等）

様式第6号

調査番号	8	建物番号	
所有者	用地 一郎		
工種	建物等の概要	事前調査	事後調査
基礎	布コンクリート		
屋根	日本瓦		
外壁	羽目板		
内壁	京壁		
天井	竿縁		
床	畳		
経過年数	40年		
用途	共同住宅		

面積計算

1階 0.455 × 3.640 = 1.6562
    3.640 × 7.280 = 26.4992
    3.640 × 9.100 = 33.1240
    計 = 61.2794
    61.27 m²

2階 0.455 × 1.820 = 0.8281
    7.280 × 7.280 = 52.9984
    計 = 53.8265
    53.82 m²

合計 115.09 m²

2階平面図 S＝1：100

1階平面図 S＝1：100

写真表示は　上段……事前調査
　　　　　　下段……事後調査

事前調査	調査年月日	平成13年00月00日	
	請負者	（株）○○コンサルタント	印
事後調査	調査年月日	平成　年　月　日	
	請負者		印

130

建物等調査書（平面図・立面図等）

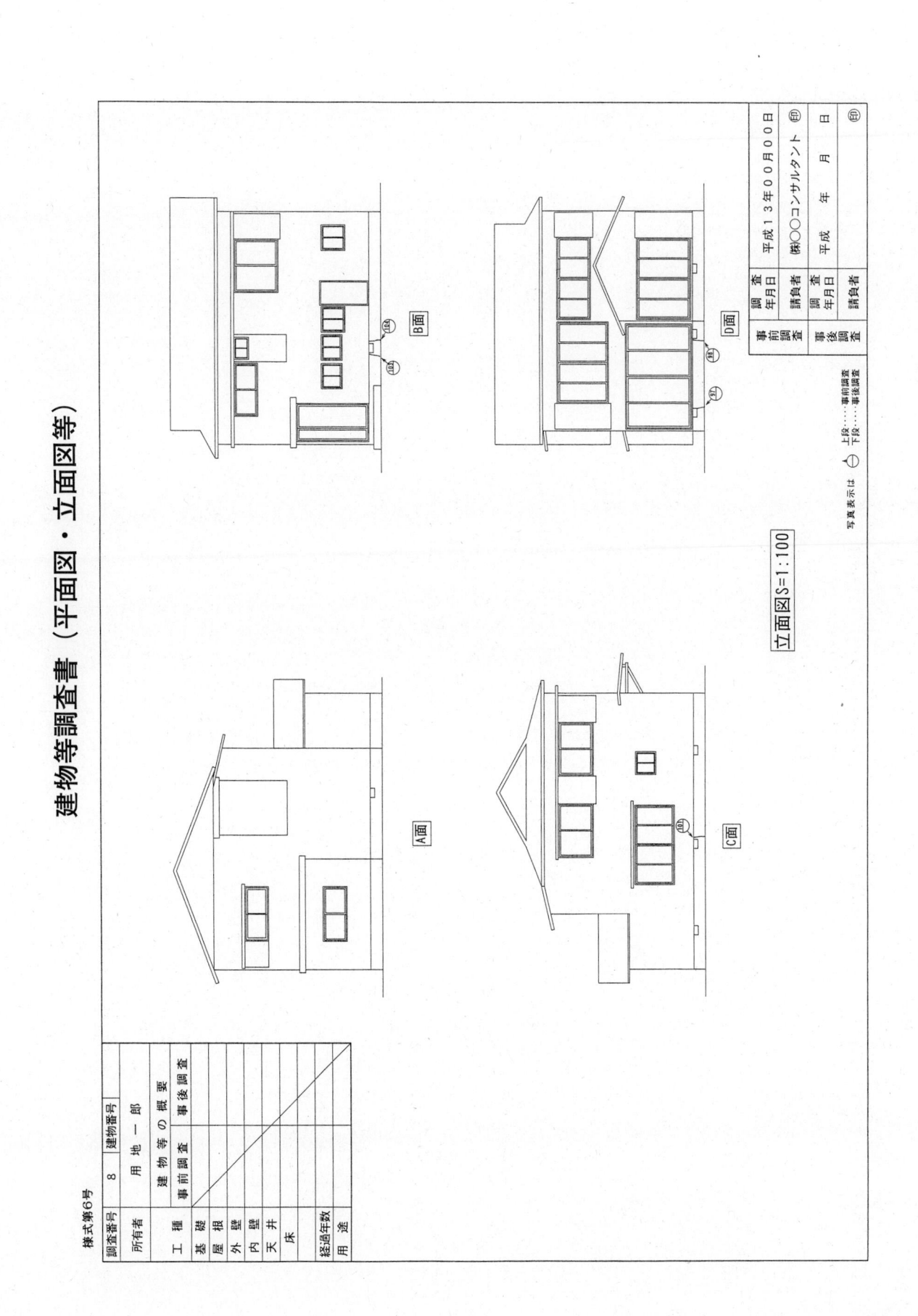

様式第6号

建物等調査書（平面図・立面図等）

資料－5　131

調査番号	8	建物番号	
所有者	用地一郎		
工種	建物等の概要		
	事前調査	事後調査	
基礎			
屋根			
外壁			
内壁			
天井			
床			
経過年数			
用途			

A面　B面　C面　D面

立面図 S=1:100

調査年月日	平成13年00月00日
請負者	(株)○○コンサルタント ㊞
事前調査	
調査年月日	平成　年　月　日
請負者	㊞
事後調査	

写真表示は　上段……事前調査／下段……事後調査

様式第7号

損傷調査書

調査番号	8	建物番号		物件等所在地	○○市△△町二丁目1285-1		事前調査	調査年月日	平成13年00月00日	印
所有者住所	○○市△△町二丁目12-8			氏名	用地 一郎	占有者氏名 用地 一郎			請負者	㈱○○コンサルタント	
							事後調査	調査年月日	平成 年 月 日	印
								請負者		

			事 前 調 査			事 後 調 査		
室名	各部仕上材	写真番号	損傷の状況	備考	写真番号	損傷の状況	備考	
玄関		1	全景					
玄関	漆喰	2	内壁亀裂	W=0.3 L=8				
玄関	漆喰	3	内壁チリギレ	W=1.0 L=全周				
玄関	漆喰	4	内壁チリギレ	W=1.0 L=全周				
玄関	御影石	5	床現況					
廊下	漆喰	6	内壁亀裂	W=0.1 L=53				
廊下	漆喰	7	内壁チリギレ	W=1.5 L=全周				
廊下	漆喰	8	内壁破損	3×4				
廊下	漆喰	9	内壁亀裂	W=0.1 L=25				
トイレ	タイル	10	腰壁タイルヘアークラック	170×113 多数				
トイレ	タイル	11	腰壁タイルヘアークラック	80×113 多数				
トイレ	漆喰	12	内壁亀裂	W=0.1 L=81				
トイレ	漆喰	13	内壁亀裂	W=0.3 L=33				
トイレ	漆喰	14	内壁チリギレ	W=2.0 L=全周				
洗面所	漆喰	15	内壁チリギレ	W=0.5 L=全周				
浴室	タイル	16	腰壁タイル亀裂	補修跡				
浴室	タイル	17	腰壁タイル亀裂	補修跡				
浴室	タイル	18	腰壁タイル亀裂	補修跡				

様式第7号

損傷調査書

							事前調査	調査年月日	平成13年00月00日
								請負者	㈱〇〇コンサルタント 印
							事後調査	調査年月日	平成　年　月　日
								請負者	印

調査番号	8	建物番号		物件等所在地	〇〇市△△町二丁目1285-1	占有者氏名	用地 一郎
所有者住所	〇〇市△△町二丁目12-8			氏名	用地 一郎		

室名	各部仕上材	写真番号	事前調査 損傷の状況		備考	写真番号	事後調査 損傷の状況	備考
浴室	タイル	19	腰壁タイル目地切レ	W=1.0 L=50				
浴室	タイル	20	腰壁タイル隙間	W=10.0 L=14				
浴室	タイル	21	床タイル現況					
浴室	漆喰	22	内壁亀裂	W=1.0 L=55				
浴室	漆喰	23	内壁チリギレ	W=0.5 L=全周				
台所	漆喰	24	内壁チリギレ	W=1.5 L=全周				
台所	漆喰	25	内壁亀裂	W=0.1 L=175				
勝手口	漆喰	26	内壁チリギレ	W=0.5 L=全周				
勝手口	モルタル	27	内壁現況					
勝手口	モルタル	28	床コンクリート現況					
居間	漆喰	29	内壁亀裂	W=0.3 L=60	多数			
居間	漆喰	30	内壁亀裂	W=0.5 L=70	多数			
居間	漆喰	31	内壁亀裂	W=0.5 L=15	多数			
居間	漆喰	32	内壁亀裂	W=0.3 L=60	多数			
6帖	京壁	33	内壁チリギレ	W=2.5 L=全周				
6帖	京壁	34	内壁漏水跡	30×50				
6帖	漆喰	35	内壁チリギレ	W=2.0 L=全周				
4.5帖	京壁	36	内壁漏水跡	10×42				

資料－5　133

様式第7号

損傷調査書

調査番号	8	建物番号		物件等所在地	○○市△△町二丁目1285-1		占有者氏名	用地 一郎			事前調査	調査年月日	平成13年00月00日
												請負者	㈱○○○コンサルタント 印
所有者住所	○○市△△町二丁目12-8			氏名	用地 一郎						事後調査	調査年月日	平成 年 月 日
												請負者	印

室名	各部仕上材	写真番号	事前調査 損傷の状況	備考	写真番号	事後調査 損傷の状況	備考
4.5帖	京壁	37	内壁チリギレ	W=1.0 L=全周			
4.5帖	京壁	38	内壁チリギレ	W=2.0 L=全周			
2F 4.5帖	京壁	39	内壁亀裂	W=0.1 L=35			
2F 4.5帖	京壁	40	内壁チリギレ	W=0.5 L=全周			
2F 4.5帖	京壁	41	内壁チリギレ	W=1.0 L=全周			
2F トイレ	タイル	42	腰壁タイル現況				
2F トイレ	漆喰	43	内壁亀裂	W=0.5 L=65			
2F トイレ	漆喰	44	内壁チリギレ	W=1.0 L=全周			
2F 6帖	京壁	45	内壁チリギレ	W=1.5 L=全周			
2F 6帖	京壁	46	内壁チリギレ	W=2.0 L=全周			
2F 6帖	京壁	47	内壁亀裂	W=0.3 L=45			
2F 広縁	繊維	48	内壁亀裂	W=0.5 L=30 3本			
2F 広縁	繊維	49	内壁亀裂	W=0.5 L=30 2本			
2F 広縁	繊維	50	内壁亀裂	W=0.5 L=50			
2F 広縁	繊維	51	内壁亀裂	W=0.5 L=50			
2F 6帖	障子	52	建具隙間	左上W=18.0			
2F 6帖	京壁	53	内壁亀裂W=1.0 2本	W=0.5 L=30			
2F 6帖	京壁	54	内壁亀裂	W=0.5 L=50 2本			

様式第7号

損傷調査書

調査番号	8	建物番号		物件等所在地	○○市△△町二丁目1285-1			事前調査	調査年月日	平成13年00月00日
									請負者	㈱○○コンサルタント 印
所有者住所	○○市△△町二丁目12-8			氏名	用地 一郎	占有者氏名	用地 一郎	事後調査	調査年月日	平成 年 月 日
									請負者	印

室名	各部仕上材	写真番号	事前調査 損傷の状況		備考	写真番号	事後調査 損傷の状況	備考
2F 6帖	京壁	55	内壁亀裂	W=1.0 L=54				
2F 6帖	漆喰	56	内壁チリギレ	W=1.0 L=全周				
2F 6帖	京壁	57	内壁亀裂	W=1.0 L=70				
2F 6帖	京壁	58	内壁チリギレ	W=2.0 L=全周				
2F 6帖	京壁	59	内壁チリギレ	W=1.0 L=全周				
2F 6帖	漆喰	60	内壁亀裂	W=0.5 L=80				
階段	漆喰	61	内壁チリギレ	W=0.5 L=全周				
階段	漆喰	62	内壁チリギレ	W=0.5 L=全周				
2F 階段	漆喰	63	内壁チリギレ	W=1.0 L=全周				
2F 廊下		64	敷居傾斜	C=11.0				
2F 広縁		65	柱傾斜	A=2.0 B=2.0				
2F 広縁	御影石	66	床亀裂	W=0.5 L=75				
外部	タイル	67	外壁タイル現況					
外部	モルタル	68	土間コンクリート隙間	W=2.0 L=62				
外部	鉄平石	69	床隙間	L=80				
外部	モルタル	70	土間コンクリート亀裂	W=1.0 L=50				
外部	モルタル	71	土間コンクリート亀裂	W=1.0 L=70				
外部	モルタル	72	土間コンクリート亀裂	W=2.0 L=45				

様式第7号

損傷調査書

調査番号	8	建物番号		物件等所在地	○○市△△町二丁目1285-1		事前調査	調査年月日	平成13年00月00日
所有者住所	○○市△△町二丁目12-8			氏名	用地 一郎	占有者氏名 用地 一郎		請負者	㈱○○コンサルタント 印
							事後調査	調査年月日	平成 年 月 日
								請負者	印

室名	各部仕上材	写真番号	事前調査		事後調査		備考
			損傷の状況	備考	損傷の状況	写真番号	
外部	モルタル	73	土間コンクリート隙間	W=4.0 L=365			
外部	モルタル	74	土間コンクリート亀裂	W=2.0 L=92			
外部	モルタル	75	土間コンクリート亀裂	W=2.0 L=70			
外部	モルタル	76	土間コンクリート現況				
外部	モルタル	77	土間コンクリート破損	360×20			
外部	モルタル	78	土間コンクリート亀裂	W=1.0 L=80			
外部	コンクリートブロック	79	ブロック塀現況				
外部	コンクリートブロック	80	ブロック塀現況				
外部	コンクリートブロック	81	ブロック塀亀裂	W=1.0 L=20			
外部	コンクリートブロック	82	ブロック塀亀裂	W=1.0 L=20			
外部	コンクリートブロック	83	ブロック塀現況				
外部	コンクリート	84	万年塀現況				
外部	コンクリートブロック	85	ブロック塀現況				
外部	コンクリートブロック	86	ブロック塀現況				
外部	コンクリートブロック	87	ブロック塀現況				
外部	コンクリートブロック	88	ブロック塀現況				
外部	羽目板	89	外壁現況				
外部	羽目板	90	外壁現況				

様式第7号

損 傷 調 査 書

調査番号	8	建物番号		物件等所在地	○○市△△町二丁目1285-1			事前調査	調査年月日	平成13年00月00日
									請負者	㈱○○コンサルタント 印
所有者住所	○○市△△町二丁目12-8		氏名	用地 一郎	占有者氏名	用地 一郎		事後調査	調査年月日	平成 年 月 日
									請負者	印

室名	各部仕上材	写真番号	事前調査 損傷の状況	備考	写真番号	事後調査 損傷の状況	備考
外部	漆喰	91	外壁現況				
外部	羽目板	92	外壁現況				
外部	羽目板	93	外壁現況				
外部	羽目板	94	外壁現況				
外部	モルタル	95	基礎現況				
外部	モルタル	96	基礎亀裂				
外部	モルタル	97	基礎亀裂	W=0.5 L=10			
外部	モルタル	98	基礎亀裂	W=4.0 L=22			
外部	モルタル	99	基礎現況				
外部	モルタル	100	基礎現況				
外部	モルタル	101	基礎亀裂	W=3.0 L=38			
外部	モルタル	102	基礎現況				
外部	モルタル	103	基礎亀裂	W=1.0 L=43			
外部	モルタル	104	基礎隙間	W=2.0 L=43			
外部	モルタル	105	基礎現況				
外部		106	池現況				
外部		107	池現況				

資料-5 137

【過去事例】
事後調査例（4）

資料―5

建物等調査書（総括表）

調査番号	53			
建物番号		建物所在地	○○市△△町一丁目2018	
所有者住所氏名	○○市△△町1-2-12		用地 三郎	
占有者住所氏名	○○市△△町1-2-12		用地 三郎	

建物等の概要

工種	事前調査	事後調査
構造	木造2階建	木造2階建
基礎	布コンクリート	布コンクリート
屋根	カラー鉄板	カラー鉄板
外壁	吹付タイル	吹付タイル
内壁	京壁	京壁
天井	敷目	敷目
床	畳	畳
経過年数	15年	25年
延べ面積	46.36m²	46.36m²
用途	専用住宅	専用住宅

	調査年月日	平成04年00月00日	印
事前調査	請負者	㈱○○補償コンサルタント	
事後調査	調査年月日	平成14年00月00日	印
	請負者	㈱×××コンサルタント	
事前調査立会者		用地 三郎	
事後調査立会者		用地 三郎	

建物等の程度及び損傷の状況

事前調査	内壁チリギレ、外壁亀裂 他
事後調査	床隙間発生 外壁亀裂拡大 ブロック塀亀裂拡大

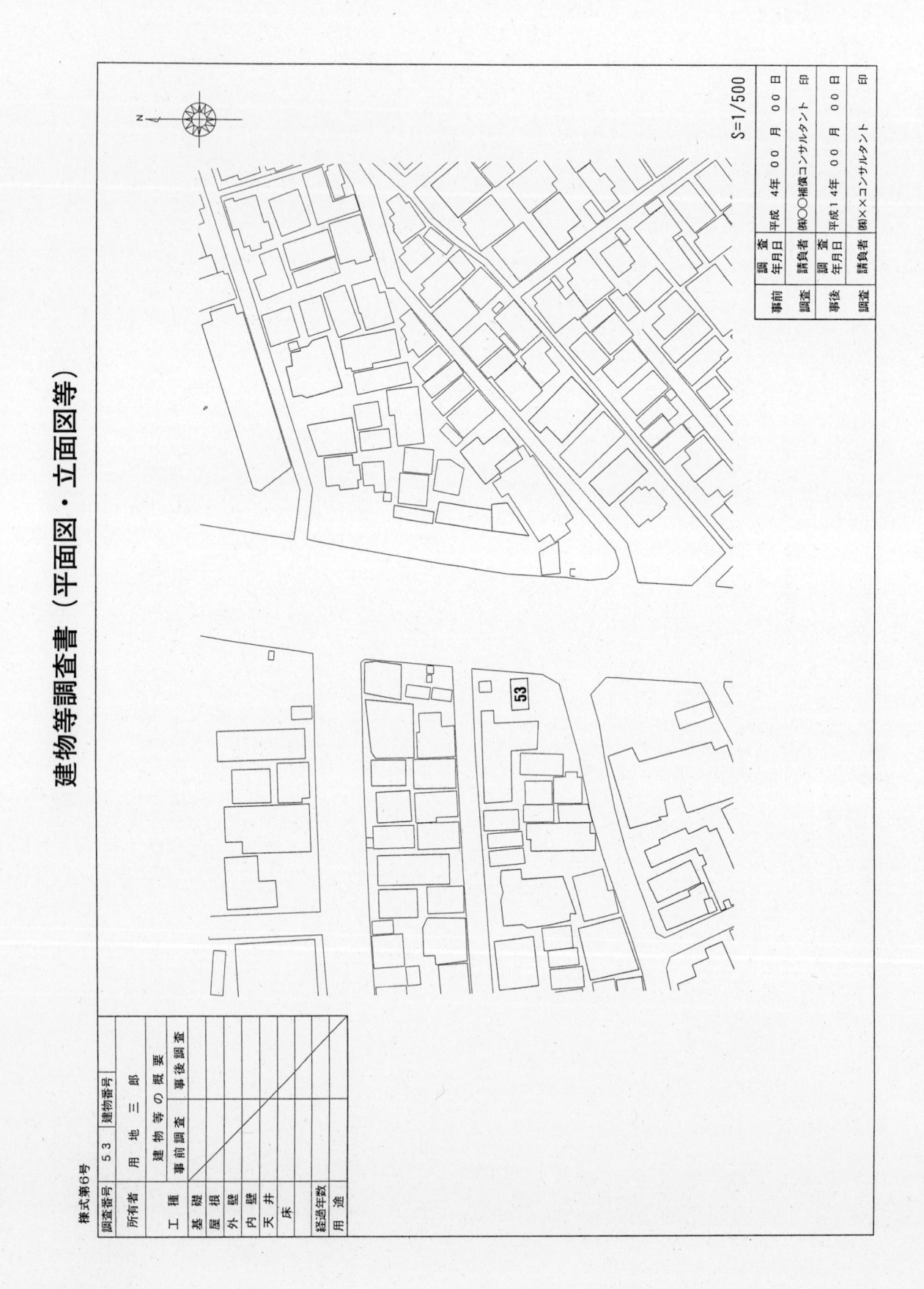

建物等調査書（平面図・立面図等）

様式第6号

調査番号	5 3	建物番号		
所有者	用 地 三 郎			
工　種	建 物 等 の 概 要 調 査			
	事前調査	事後調査		
基　礎				
屋　根				
外　壁				
内　壁				
天　井				
床				
経過年数				
用　造				

S=1/500

事前調査	調査年月日	平成 4年 00 月 00 日	
	請負者	㈱○○補償コンサルタント	印
事後調査	調査年月日	平成14年 00 月 00 日	
	請負者	㈱××コンサルタント	印

資料—5

建物等調査書（平面図・立面図等）

様式第6号

調査番号	53	建物番号	
所有者	用地 三郎		
工種	建物調査	事前調査	事後調査
建物等の概要			
基礎	布コンクリート	布コンクリート	
屋根	カラー鉄板	カラー鉄板	
外壁	吹付タイル	吹付タイル	
内壁	京壁	京壁	
天井	敷目	敷目	
床	畳	畳	
経過年数	15年	25年	
用途	専用住宅	専用住宅	

面積計算

1階
6.370×3.640＝23.1868
　　　　計＝23.1868
1階面積 23.18㎡

2階
6.370×3.640＝23.1868
　　　　計＝23.1868
2階面積 23.18㎡
合計 46.36㎡

1階平面図 S＝1/100

2階平面図 S＝1/100

写真表示は ⊕ 上段…事前調査 / 下段…事後調査

	調査年月日	請負者	
事前調査	平成14年00月00日	㈱○○補償コンサルタント	印
事後調査	平成14年00月00日	㈱××コンサルタント	印

144

建物等調査書（平面図・立面図等）

様式第6号			
調査番号	53	建物番号	
所有者	用地三郎		
工種	建物等の概要		
	事前調査	事後調査	
基礎			
屋根			
外壁			
内壁			
天井			
床			
経過年数			
用途			

A面立面図　S=1/100

B面立面図　S=1/100

C面立面図　S=1/100

D面立面図　S=1/100

	調査	年月日	平成 4年 00月 00日	写真表示は 上段…事前調査 下段…事後調査
事前	請負者	㈱○○補償コンサルタント 印		
事後	調査	年月日	平成14年 00月 00日	
	請負者	㈱××コンサルタント 印		

資料—5

建物等調査書（平面図・立面図等）

様式第6号

調査番号	5 3	建物番号		
所有者	用 地 三 郎			
工 種	建物等の概要			
	事前調査	事後調査		
基 礎				
屋 根				
外 壁				
内 壁				
天 井				
床				
経過年数				
用 途				

ブロック塀 D面立面図 S=1/100

	事前調査	事後調査
写真表示は 上段…事前調査 下段…事後調査		
事前調査	調査年月日	平成 4年 00月 00日
	請負者	㈱○○補償コンサルタント 印
事後調査	調査年月日	平成14年 00月 00日
	請負者	㈱××コンサルタント 印

様式第7号

損 傷 調 査 書

調査番号	53	建物番号		物件等所在地	○○市△△町一丁目2018		占有者氏名	用地 三郎			事前調査	調査年月日	平成04年00月00日	
												請負者	㈱○○補償コンサルタント	印
所有者住所	○○市△△町1-2-12			氏名	用地 三郎						事後調査	調査年月日	平成14年00月00日	
												請負者	㈱×××コンサルタント	印

室 名	各部仕上材	事　前　調　査			事　後　調　査		
		写真番号	損傷の状況	備考	写真番号	損傷の状況	備考
玄関		1	全景		1	全景	
玄関		2	敷居水平　BD=0.0		2	敷居水平　BD=0.0	変化無し
玄関		3	柱計測　A=1.0　D=3.0		3	柱計測　A=1.0　D=3.0	変化無し
玄関	タイル	4	床タイル現況		4	床タイル現況	変化無し
玄関	京壁	5	内壁現況		5	内壁現況	変化無し
4.5帖	京壁	6	内壁チリギレ　W=0.3　L=172		6	内壁チリギレ　W=0.3　L=172	変化無し
4.5帖	京壁	7	内壁チリギレ　L=45　W=1.5		7	内壁チリギレ　L=45　W=1.5	変化無し
4.5帖	京壁	8	内壁チリギレ　W=1.0　L=80		8	内壁チリギレ　W=1.0　L=80	変化無し
台所	クロス	9	内壁現況		9	内壁現況	変化無し
台所	クロス	10	内壁亀裂		10	内壁亀裂	変化無し
洗面所	クロス	11	内壁現況　W=0.1　L=6		11	内壁現況　W=0.1　L=6	変化無し
トイレ	クロス	12	内壁現況		12	内壁現況	変化無し
浴室	リシン	13	内壁現況		13	内壁現況	変化無し
浴室	タイル	14	腰壁タイル現況		14	腰壁タイル現況	変化無し
浴室	タイル	15	腰壁タイル現況		15	腰壁タイル現況	変化無し
浴室	タイル	16	腰壁タイル現況		16	腰壁タイル現況	変化無し
浴室	タイル	17	床タイル現況		17	床タイル現況	変化無し
2F 6帖	京壁	18	内壁チリギレ　W=1.0　L=45		18	内壁チリギレ　W=1.0　L=45	変化無し

様式第7号

損 傷 調 査 書

調査番号	53	建物番号		物件等所在地	○○市△△町一丁目2018	占有者氏名	用地 三郎		事前調査	調査年月日	平成04年00月00日	
所有者住所	○○市△△町1-2-12			氏名	用地 三郎					請負者	㈱○○補償コンサルタント	印
									事後調査	調査年月日	平成14年00月00日	
										請負者	㈱×××コンサルタント	印

室 名	各部仕上材	写真番号	事 前 調 査			写真番号	事 後 調 査		
			損傷の状況		備考		損傷の状況		備考
2F 6帖	京壁	19	内壁チリギレ	L=80 W=0.5		19	内壁チリギレ	W=0.5 L=80	変化無し
2F 6帖	京壁	20	内壁チリギレ	L=80 W=1.5		20	内壁チリギレ	W=1.5 L=80	変化無し
2F 4.5帖	京壁	21	内壁チリギレ	W=1.0 L=45		21	内壁チリギレ	W=1.0 L=45	変化無し
2F 4.5帖	京壁	22	内壁チリギレ	W=0.5 L=172		22	内壁チリギレ	W=0.5 L=172	変化無し
2F 4.5帖	京壁	23	内壁亀裂	W=0.1 L=45		23	内壁亀裂	W=0.1 L=45	変化無し
2F 廊下	京壁	24	内壁チリギレ	W=1.0 L=235		24	内壁チリギレ	W=1.0 L=235	変化無し
2F 階段	京壁	25	内壁チリギレ	L=235 W=0.3		25	内壁チリギレ	W=0.3 L=235	変化無し
階段	京壁	26	内壁漏水跡	40×90		26	内壁漏水跡	40×90	変化無し
階段	京壁	27	内壁漏水跡	15×90		27	内壁漏水跡	15×90	変化無し
外部	鉄平石	28	床現況			28	床隙間発生	W=2.0 L=370	発生
外部	鉄平石	29	床現況			29			変化無し
外部	鉄平石	30	外壁現況			30	外壁現況		変化無し
外部	鉄平石	31	外壁目地切レ	L=80 W=1.0		31	外壁目地切レ	W=1.0 L=80	変化無し
外部	吹付タイル	32	外壁亀裂	W=0.2 L=80		32	外壁亀裂	W=2.0 L=80	拡大
外部	吹付タイル	33	外壁亀裂	W=0.3 L=110		33	外壁亀裂	W=2.0 L=180	拡大
外部	吹付タイル	34	外壁亀裂	W=0.2 L=145		34	外壁亀裂	W=1.0 L=145	拡大
外部	吹付タイル	35	外壁亀裂	W=1.0 L=35		35	外壁亀裂	W=1.5 L=35	拡大
外部	吹付タイル	36	外壁亀裂	W=0.3 L=550		36	外壁亀裂	W=1.0 L=60	拡大

様式第7号

損 傷 調 査 書

調査番号	53	建物番号		物件等所在地	○○市△△町1丁目2018		占有者氏名	用地 三郎				事前調査	調査年月日	平成04年00月00日		
所有者住所	○○市△△町1-2-12			氏名	用地 三郎								請負者	㈱○○補償コンサルタント 印		
												事後調査	調査年月日	平成14年00月00日		
													請負者	㈱××コンサルタント 印		

室名	各部仕上材	写真番号	事　前　調　査		写真番号	事　後　調　査		
			損傷の状況	備考		損傷の状況	備考	
外部	吹付タイル	37	外壁亀裂	L=190 W=0.5		37	外壁亀裂	W=2.0 L=210	拡大
外部	吹付タイル	38	外壁亀裂	W=1.0 L=110		38	外壁亀裂	W=2.0 L=110	拡大 3本
外部	吹付タイル	39	外壁亀裂	W=1.0 L=110		39	外壁亀裂	W=1.5 L=110	拡大
外部	吹付タイル	40	外壁亀裂	W=1.0 L=350		40	外壁亀裂	W=2.0 L=200	拡大
外部	吹付タイル	41	外壁亀裂			41	外壁亀裂		変化無し
外部	吹付タイル	42	外壁亀裂	W=1.0 L=60		42	外壁亀裂	W=3.0 L=60	拡大
外部	吹付タイル	43	外壁亀裂	W=1.0 L=60		43	外壁亀裂	W=2.0 L=60	拡大
外部	吹付タイル	44	外壁亀裂	W=1.0 L=115		44	外壁亀裂	W=3.0 L=115	拡大 2本
外部	吹付タイル	45	外壁亀裂	W=1.0 L=140		45	外壁亀裂	W=2.0 L=140	拡大
外部	吹付タイル	46	外壁亀裂	W=1.0 L=140		46	外壁亀裂	W=1.5 L=140	拡大
外部	吹付タイル	47	外壁亀裂			47	外壁亀裂		変化無し
外部	吹付タイル	48	外壁亀裂			48	外壁亀裂		変化無し
外部	モルタル	49	基礎現況			49	基礎現況		変化無し
外部	モルタル	50	基礎亀裂	W=1.0 L=12		50	基礎亀裂	W=1.0 L=12	変化無し
外部	モルタル	51	基礎亀裂	W=0.3 L=5		51	基礎亀裂	W=0.3 L=5	変化無し
外部	コンクリートブロック	52	ブロック塀現況			52	ブロック塀現況		変化無し
外部	コンクリートブロック	53	ブロック塀目地切レ	W=1.5 L=30		53	ブロック塀目地切レ	W=1.5 L=30	変化無し
外部	コンクリートブロック	54	ブロック塀亀裂	W=0.3 L=20		54	ブロック塀亀裂	W=3.0 L=50	拡大

様式第7号

損傷調査書

調査番号	53	建物番号		物件等所在地	○○市△△町一丁目2018		調査年月日	平成04年00月00日
所有者住所	○○市△△町1-2-12			氏名	用地 三郎	占有者氏名	用地 三郎	請負者	㈱○○補償コンサルタント 印
							事後調査年月日	平成14年00月00日
							請負者	㈱×××コンサルタント 印

室名	各部仕上材	写真番号	事前調査 損傷の状況	事後調査 損傷の状況	写真番号	備考
外部	コンクリートブロック	55	ブロック塀目地切レ L=60 W=1.5	ブロック塀目地切レ W=5.0 L=120	55	拡大

水準測定調査例

件名：〇〇町団地建替工事に伴う家屋事前調査

<table>
<tr><td colspan="5" align="center">水 準 測 定 調 査 書</td></tr>
<tr><td rowspan="2">測定
番号</td><td colspan="3" align="center">測 定 値（m／m）</td><td rowspan="2">備　考</td></tr>
<tr><td>平成14年　月　日</td><td>平成　年　月　日</td><td>平成　年　月　日</td></tr>
<tr><td>KBM 1</td><td>10.000</td><td></td><td></td><td></td></tr>
<tr><td>KBM 2</td><td>10.222</td><td></td><td></td><td></td></tr>
<tr><td></td><td></td><td></td><td></td><td></td></tr>
<tr><td>1</td><td>12.065</td><td></td><td></td><td></td></tr>
<tr><td>2</td><td>12.053</td><td></td><td></td><td></td></tr>
<tr><td>3</td><td>12.074</td><td></td><td></td><td></td></tr>
<tr><td>4</td><td>12.199</td><td></td><td></td><td></td></tr>
<tr><td>5</td><td>10.167</td><td></td><td></td><td></td></tr>
<tr><td>6</td><td>12.143</td><td></td><td></td><td></td></tr>
<tr><td>7</td><td>12.155</td><td></td><td></td><td></td></tr>
<tr><td>8</td><td>11.141</td><td></td><td></td><td></td></tr>
<tr><td>9</td><td>10.040</td><td></td><td></td><td></td></tr>
<tr><td>10</td><td>10.060</td><td></td><td></td><td></td></tr>
<tr><td>11</td><td>12.388</td><td></td><td></td><td></td></tr>
<tr><td>12</td><td>11.848</td><td></td><td></td><td></td></tr>
<tr><td>13</td><td>12.380</td><td></td><td></td><td></td></tr>
<tr><td>14</td><td>12.369</td><td></td><td></td><td></td></tr>
<tr><td>15</td><td>10.217</td><td></td><td></td><td></td></tr>
<tr><td>16</td><td>10.463</td><td></td><td></td><td></td></tr>
<tr><td>17</td><td>12.606</td><td></td><td></td><td></td></tr>
<tr><td>18</td><td>12.867</td><td></td><td></td><td></td></tr>
<tr><td>19</td><td>12.867</td><td></td><td></td><td></td></tr>
<tr><td>20</td><td>12.898</td><td></td><td></td><td></td></tr>
<tr><td>21</td><td>12.938</td><td></td><td></td><td></td></tr>
<tr><td>22</td><td>10.408</td><td></td><td></td><td></td></tr>
<tr><td>23</td><td>10.418</td><td></td><td></td><td></td></tr>
<tr><td>24</td><td>11.618</td><td></td><td></td><td></td></tr>
<tr><td>25</td><td>10.409</td><td></td><td></td><td></td></tr>
<tr><td>26</td><td>12.817</td><td></td><td></td><td></td></tr>
<tr><td>27</td><td>10.399</td><td></td><td></td><td></td></tr>
<tr><td>28</td><td>10.388</td><td></td><td></td><td></td></tr>
<tr><td>29</td><td>11.623</td><td></td><td></td><td></td></tr>
<tr><td>30</td><td>10.517</td><td></td><td></td><td></td></tr>
</table>

件名：○○町団地建替工事に伴う家屋事前調査

<table>
<tr><th colspan="5">水 準 測 定 調 査 書</th></tr>
<tr><th rowspan="2">測定番号</th><th colspan="3">測 定 値（m／m）</th><th rowspan="2">備　考</th></tr>
<tr><th>平成14年　月　日</th><th>平成　年　月　日</th><th>平成　年　月　日</th></tr>
<tr><td>31</td><td>10.008</td><td></td><td></td><td></td></tr>
<tr><td>32</td><td>10.020</td><td></td><td></td><td></td></tr>
<tr><td>33</td><td>10.017</td><td></td><td></td><td></td></tr>
<tr><td>34</td><td>10.399</td><td></td><td></td><td></td></tr>
<tr><td>35</td><td>10.397</td><td></td><td></td><td></td></tr>
<tr><td>36</td><td>10.401</td><td></td><td></td><td></td></tr>
<tr><td>37</td><td>10.207</td><td></td><td></td><td></td></tr>
<tr><td>38</td><td>11.115</td><td></td><td></td><td></td></tr>
<tr><td>39</td><td>10.208</td><td></td><td></td><td></td></tr>
<tr><td>40</td><td>11.955</td><td></td><td></td><td></td></tr>
<tr><td>41</td><td>11.956</td><td></td><td></td><td></td></tr>
<tr><td>42</td><td>10.084</td><td></td><td></td><td></td></tr>
<tr><td>43</td><td>10.028</td><td></td><td></td><td></td></tr>
<tr><td>44</td><td>10.012</td><td></td><td></td><td></td></tr>
<tr><td>45</td><td>10.081</td><td></td><td></td><td></td></tr>
<tr><td>46</td><td>12.207</td><td></td><td></td><td></td></tr>
<tr><td>47</td><td>10.485</td><td></td><td></td><td></td></tr>
<tr><td>48</td><td>12.279</td><td></td><td></td><td></td></tr>
<tr><td>49</td><td>10.015</td><td></td><td></td><td></td></tr>
<tr><td>50</td><td>10.371</td><td></td><td></td><td></td></tr>
<tr><td>51</td><td>10.073</td><td></td><td></td><td></td></tr>
<tr><td>52</td><td>12.360</td><td></td><td></td><td></td></tr>
<tr><td>53</td><td>12.417</td><td></td><td></td><td></td></tr>
<tr><td>54</td><td>13.013</td><td></td><td></td><td></td></tr>
<tr><td>55</td><td>13.029</td><td></td><td></td><td></td></tr>
<tr><td>56</td><td>10.509</td><td></td><td></td><td></td></tr>
<tr><td>57</td><td>12.697</td><td></td><td></td><td></td></tr>
<tr><td>58</td><td>12.699</td><td></td><td></td><td></td></tr>
<tr><td>59</td><td>10.286</td><td></td><td></td><td></td></tr>
<tr><td>60</td><td>10.471</td><td></td><td></td><td></td></tr>
<tr><td>61</td><td>13.060</td><td></td><td></td><td></td></tr>
<tr><td>62</td><td>12.973</td><td></td><td></td><td></td></tr>
<tr><td>63</td><td>12.248</td><td></td><td></td><td></td></tr>
</table>

資料—5

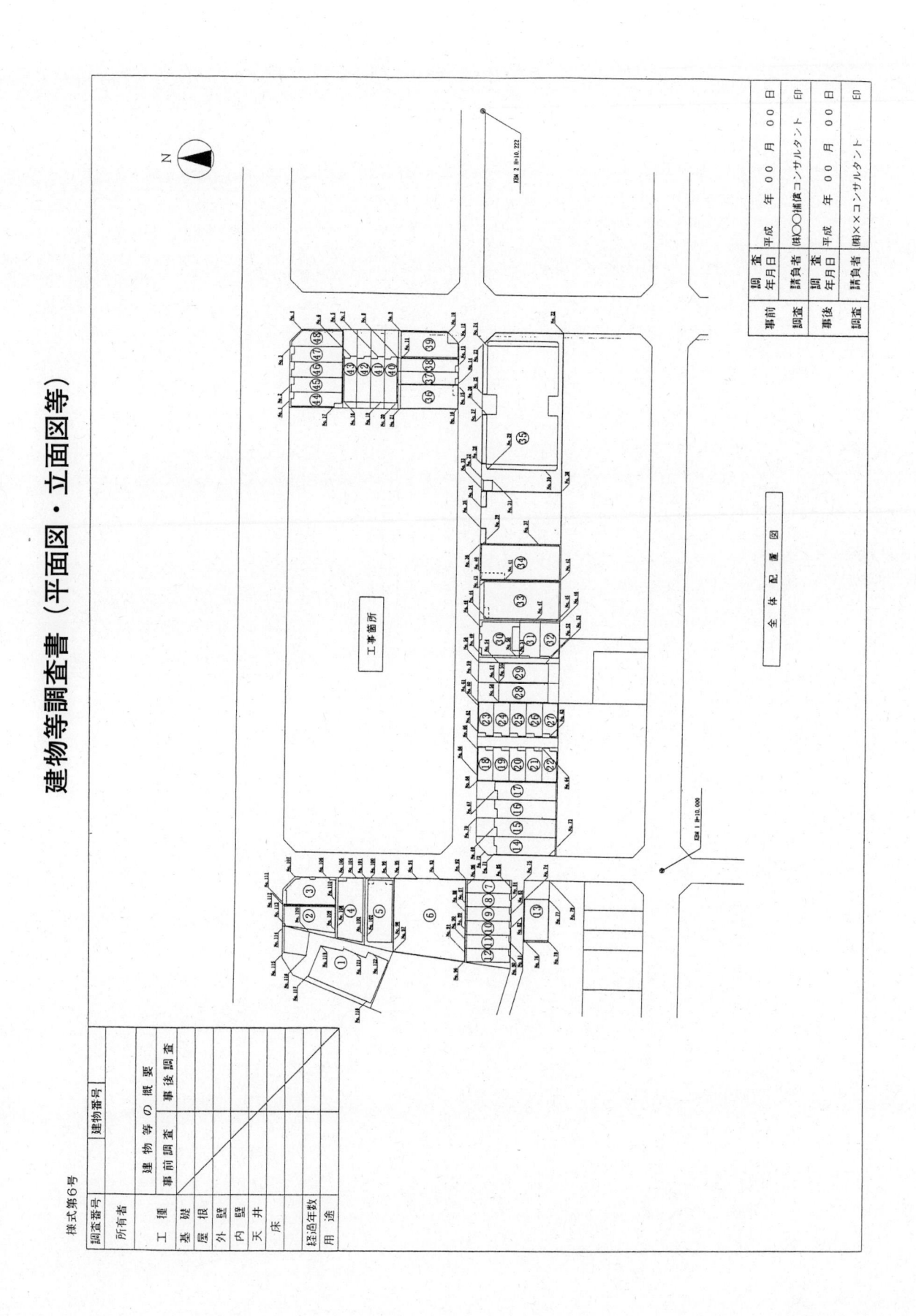

建物等調査書（平面図・立面図等）

様式第6号

調査番号		建物番号	
所有者			
工種	建物等の概要	事前調査	事後調査
基礎			
屋根			
外壁			
内壁			
天井			
床			
経過年数			
用途			

全体配置図

事前	調査年月日	平成　年○○月○○日
	請負者	㈱○○補償コンサルタント　印
事後	調査年月日	平成　年○○月○○日
	請負者	㈱××コンサルタント　印

新 版
工損調査標準仕様書(案)の解説

2003年11月20日　第1版第1刷発行
2013年10月16日　第1版第12刷発行

編　著　公共用地補償研究会
発行者　松　林　久　行
発行所　株式会社 大成出版社

東京都世田谷区羽根木 1 — 7 — 11
〒156 - 0042　電話 (03) 3321—4131 (代)
http://www.taisei-shuppan.co.jp/

©2003　公共用地補償研究会　　　　印刷　亜細亜印刷
　　　落丁・乱丁はお取替えいたします
ISBN 978 - 4 - 8028 - 8993 - 3

関連図書

明解
事業損失の理論と実務

編著■用地補償実務研究会
A5判・656頁・定価5,670円(本体5,400円)・図書コード2884

日照阻害・水枯渇・地盤変動・電波障害等の事業損失の理論と実務について具体的算定例等を含め解説した実務書!

木造建築に関わる補償実務担当者必携の一冊!!
改訂版　Q&A方式による
木造建物調査積算要領の解説

編著■(一財)公共用地補償機構
A4判・240頁・定価5,460円(本体5,200円)・図書コード3095

木造在来(軸組)工法による建物の推定再建築費の調査・積算方式をQ&A方式で解説した書籍です。
Q&A方式でポイントがしっかりと掴めます。
2色刷りで読みやすい紙面になっています。

増補版
損失補償関係裁決例集

編集■公共用地補償研究会
A5判・710頁・上製函入り・定価7,770円(本体7,400円)・図書コード2947

昭和50年代以降の収用裁決例のうちから308件を事案ごとに分類し編集!
新たに平成16・17年度の裁決例54件を追加掲載!

区分所有建物敷地の取得・区分地
上権の設定・残地工事費等の補償
ー解説と運用ー

編集■公共用地補償研究会
A5判・250頁・定価4,725円(本体4,500円)・図書コード2755

「公共用地の取得に伴う損失補償基準細則」の「別記2　土地利用制限率算定要領」、「別記3　区分所有建物敷地取得補償実施要領」、「別記4　残地工事費補償実施要領」を対象として、学識経験者や補償実務者で構成された研究委員会が調査・研究を行い、得られた知見等を参考にそれぞれの解説と運用試案をまとめた一冊。

株式会社　大成出版社
〒156-0042　東京都世田谷区羽根木1-7-11
TEL 03-3321-4131　FAX 03-3325-1888
ホームページ　http://www.taisei-shuppan.co.jp/
※ホームページでもご注文いただけます。